"十二五"普通高等教育本科规划教材

金相检验技术实验教程

王志刚　徐　勇　石　磊　编著

化学工业出版社

·北京·

本书主要介绍了金相检验技术的基本知识，其主要内容分为三部分：第一部分为基础型实验，主要内容包括：金相试样的制备、金相显微镜的操作与金相摄影、偏光和暗场在金相检验中的应用、显微硬度法在金相分析中的应用、钢的宏观检验技术、钢铁中常见的组织、钢的晶粒度、带状组织、魏氏组织、非金属夹杂物的分析与评定等；第二部分为分析型实验，内容涉及：结构钢、碳素工具钢、合金工具钢、模具钢、高速钢、弹簧钢、轴承钢、特殊性能钢、灰铸铁、球墨铸铁、蠕墨铸铁、可锻铸铁以及渗层的组织分析与检验；第三部分为综合型实验，主要有：焊接件的检验、有色金属的组织观察、常见热加工缺陷组织观察与分析和扫描电镜对材料组织的分析。本书附录列举了钢铁材料常用化学侵蚀剂，压痕直径与布氏硬度对照表，洛氏硬度、布氏硬度、维氏硬度与抗拉强度对照表等。

本书可作为理工科大中专院校材料科学与工程专业、金属材料专业的本科生实验教材或实验教学参考书，也可供材料成型与控制工程、机械工程专业等相关专业的师生与从事金相研究的工程技术人员和管理人员学习参考。

图书在版编目（CIP）数据

金相检验技术实验教程/王志刚，徐勇，石磊编著．—北京：
化学工业出版社，2014.9（2022.1重印）
"十二五"普通高等教育本科规划教材
ISBN 978-7-122-21484-3

Ⅰ．①金…　Ⅱ．①王…②徐…③石…　Ⅲ．①金相组织-
检验-高等学校-教材　Ⅳ．①TG115.21

中国版本图书馆 CIP 数据核字（2014）第 172209 号

责任编辑：杨　菁	文字编辑：徐雪华
责任校对：边　涛	装帧设计：孙远博

出版发行：化学工业出版社（北京市东城区青年湖南街 13 号　邮政编码 100011）
印　　装：北京七彩京通数码快印有限公司
787mm×1092mm　1/16　印张 14　字数 350 千字　2022 年 1 月北京第 1 版第 3 次印刷

购书咨询：010-64518888　　　　　　　　售后服务：010-64518899
网　　址：http://www.cip.com.cn
凡购买本书，如有缺损质量问题，本社销售中心负责调换。

前　言

随着我国高等教育的不断改革和国内机械制造业的产品结构面临的调整，对理工科毕业生的专业基础知识和基本操作技能的掌握提出了更高的要求。为了满足高等院校材料科学与工程及相关专业本、专科实验教学需要，我们编写了《金相检验技术实验教程》。本书以培养学生全面掌握金相检验技术的基本知识和检验技能为目的，力求涵盖金属热处理、金相组织、实验设备多方面内容，简明扼要，重在实践检验环节的指导和实践检验过程的体验。

金相检验技术实验课的设立，可以让学生在实验过程中加深对所学的《金相检验技术》、《金属材料及热处理》等课程的重点、难点内容的理解，更有助于实际工作能力的提高。本书分为 23 个实验，主要介绍了实验仪器操作、金相试样的制备与观察、典型材料的金相组织及常见缺陷等基本知识，结合理工科本、专科生的认知特点，内容多样，适应高校教材的基本要求。在实验设计及安排上，我们列出了具体的检验实例，注重讲、学、练一体化的教学模式，让学生在充满挑战性的实验过程中掌握金相检验技术的基本知识与操作技能。对于从事材料科学与工程、材料成型与控制工程、机械工程专业等相关专业的技术人员来说，也可以作为参考书籍。

本书在编写过程中受到了山东建筑大学材料科学与工程实验教学中心、材料科学与工程学院金属材料教研室的大力支持。本书主要由王志刚、徐勇、石磊编写。孙齐磊、田彬参与了实验十到实验十九的编写工作。山东建筑大学金属材料教研室主任刘科高教授、王献忠高工对本书实验内容的安排及实验的组织结构给了很多指导意见。山东建筑大学的许斌教授认真审阅了本教材，并提出了许多宝贵的修改意见。对这些老师的热忱支持和帮助，在此一并表示衷心的感谢。

在本书编写过程中，参考了国内外专家和同行们的大量教材、著作、研究成果和文献，在此表示感谢。由于编者水平所限，书中难免存在疏漏之处，恳请同行专家和读者批评指正。

编　者
2014 年 5 月

目　录

第一篇 基础型实验

金相检验技术是根据相关标准和规定来评价金属材料质量的一种检验方法，并可以用来判断工件的生产工艺是否完善，有助于分析工件产生缺陷的原因，是生产和科研中必不可少的一种技术。

由于金相检验经常要分析材料的金相组织，主要借助金相显微镜等分析仪器。由于光学显微镜是借助于试样表面对光线的反射来呈现显微组织状态的，所以首先要把试样观察面制成光滑平面，而后通过侵蚀使其不同组织显示出微观的凹凸不平，从而在显微镜下观察到明暗不同的显微组织特征。为了达到合格的金相试样，避免因出现假像而导致错误的判断，必须掌握正确的制样方法。

实验一 金相试样的制备

一、实验目的及要求

1. 学习掌握金相试样的制备原理与制备过程。
2. 学习掌握金相显微组织的常用显示方法。

二、实验原理

金相试样的制备应具有代表性和典型性。试样的截取方向、部位及数量应根据金属制造的方法、检验的目的、技术条件或双方协议的规定选取有代表性的部位进行切取。金相试样的制备包括：取样、镶嵌、磨制、抛光、侵蚀等工序。

1. 金相试样的选取

① 纵向取样 指沿着钢材的锻轧方向进行取样。可检验内容为：非金属夹杂物的数量、大小和形状；晶粒畸变程度；塑性变形程度；变形后的各种组织形貌；带状组织；带状碳化物；共晶碳化物等。

② 横向取样 指垂直于钢材锻轧方向进行取样。可检验内容为：材料从表层到心部的组织；显微组织状态；晶粒度级别；碳化物网；表层缺陷深度；脱碳层深度；腐蚀层深度；表面化学热处理及镀层厚度等。

③ 缺陷或失效分析取样 在缺陷或失效部位取样，注意防止缺陷或失效部位在磨制时被损伤破坏。

④ 取样大小 以便于在手中磨制为宜，通常为 $\phi12mm \times 12mm$ 圆柱形或 $12mm \times 12mm \times 12mm$ 的正方形。

⑤ 取样方法 手锯（如灰铁，有色金属等）；砂轮切割（如高速钢，淬火钢等）；电火花切割（如钛金属等）；锤击法（对于一些硬而脆的材料）等方式。

2. 金相试样的镶嵌

截取好的试样有的过于细小或是薄片、碎片，不宜磨制或要求精确分析边缘组织的试样就需要镶嵌成一定的形状和大小。常用的镶嵌方法有机械镶嵌、塑料镶嵌或环氧树脂镶嵌。金相试样镶嵌方法如图 1-1 所示。

(a) 机械镶嵌法　　　　(b) 环氧树脂镶嵌　　　　(c) 塑料镶嵌法

图 1-1　金相试样镶嵌方法

① 机械镶嵌　用不同的夹具将不同外形的试样夹持。夹持时，夹具与试样之间、试样和试样之间应放上填片，填片应采用硬度相近且电位高的金属片，以免侵蚀试样时填片发生反应，影响组织显示。

② 低熔点合金镶嵌法　要求合金的熔点必须在 100℃ 以下，低于材料的回火温度。

③ 树脂镶嵌法　利用树脂来镶嵌细小的金相试样，可以将任何形状的试样镶嵌成一定尺寸。分为以下两种。

a. 热压镶嵌：是在专用镶嵌机上进行，常用材料是电木粉，电木粉是一种酚醛树脂，不透明，有各种不同的颜色。镶嵌时在压模内加热加压，保温一定时间后取出。优点是操作简单，成型后即可脱模，不会发生变形。缺点是不适合淬火件。

对于一些不能加热和加压的试样可采用环氧树脂浇注镶嵌法。

b. 浇注镶嵌法：在室温下进行镶嵌的一种方法，常用环氧树脂及牙托粉，配方如下：

环氧树脂 6101　100g＋乙二胺（凝固剂）8g

牙托粉　3 份＋牙托水　1 份（质量比）

优点：不需要加热，不需要专用机械，与试样结合比较牢固，磨制时不易倒角，是一种理想的镶嵌方法。

3. 金相试样的磨制

分为粗磨和细磨两部分。

① 粗磨　即磨平，注意磨制时要用水冷却，以防止试样受热而改变组织；接触时压力要均匀，不宜过压（易产生砂轮破裂和温度升高组织改变）；不适用于检验表层组织的试样，如渗氮层、渗碳层组织的检验。

② 细磨　即磨光，目的是除去粗磨时留下的划痕，为下一步抛光做准备。细磨可分为手工细磨和机械细磨。

注意用水冷却，避免磨面过热。注意：因转盘转速高，磨制时压力要小；不允许使用已经破损的砂纸，否则会影响安全。

4. 金相试样的抛光

抛光目的在于去除金相磨面上由细磨所留下的细微磨痕及表面变形层，使磨面成为无划痕的光滑镜面。抛光方法有以下几种。

① 机械抛光　主要设备是抛光机，方法同机械细磨。机械抛光在金相抛光机上进行。抛光时，试样磨面应均匀地轻压在抛光盘上，并将试样由中心至边缘移动，并做轻微移动。在抛光过程中要以量少次数多和由中心向外扩展的原则不断加入抛光微粉乳液。抛光应保持

适当的湿度，因为太湿降低磨削力，使试样中的硬质相呈现浮雕。湿度太小，由于摩擦生热会使试样生温，使试样产生晦暗现象，其合适的抛光湿度是以提起试样后磨面上的水膜在3～5s内蒸发完为准。抛光压力不宜太大，时间不宜太长，否则会增加磨面的扰乱层。粗抛光可选用帆布、海军呢做抛光织物；精抛光可选用丝绒、天鹅绒、丝绸做抛光织物。抛光前期抛光液的浓度应大些，后期使用较稀的，最后用清水抛，直至试样成为光亮无痕的镜面，即停止抛光。用清水冲洗干净后即可进行侵蚀。

常用的抛光微粉见表1-1。

表1-1　常用的抛光微粉

材　料	莫氏硬度	特　点	适用范围
氧化铝 Al_2O_3	9	白色。α-氧化铝微粒平均尺寸 $0.3\mu m$，外形呈多角形。γ-氧化铝粒度为 $0.1\mu m$，外形呈薄片状，压碎后更为细小	通用抛光粉。用于粗抛光和精抛光
氧化镁 MgO	5.5～6	白色。粒度极细而均匀，外形锐利呈八面体	适用于铝镁及其合金和钢中非金属夹杂物的抛光
氧化铬 Cr_2O_3	8	绿色。具有较高硬度，比氧化铝抛光能力差	适用于淬火后的合金钢、高速钢以及钛合金抛光
氧化铁 Fe_2O_3	6	红色。颗粒圆细无尖角，变形层厚	适用于抛光较软金属及合金
金刚石粉(膏)	10	颗粒尖锐、锋利，磨削作用极佳，寿命长，变形层小	适用于各种材料的粗、精抛光，是理想的磨料

注：抛光时用水冷却，避免磨面过热；因转盘转速高，磨制时压力要小；不允许使用已经破损的砂纸，否则会影响安全；部分试样应打倒角。

② 电解抛光　采用化学溶解作用使试样达到抛光的目的。这种方法能真实地显示材料的组织，尤其是硬度较低的金属或单相合金，对于极易加工变形的奥氏体不锈钢、高锰钢等采用电解抛光更合适。但不适用于偏析严重的金属材料、铸铁以及夹杂物的检验。电解抛光原理示意图如图1-2所示。常用的电解抛光液和规范见表1-2。

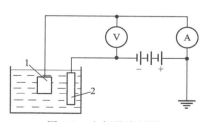

图1-2　电解抛光原理
1—阳极（试样）；2—阴极

表1-2　常用的电解抛光液和规范

抛光液名称	成分/mL		规范	用途
高氯酸-乙醇水溶液	乙醇 水 高氯酸($w=60\%$)	800 140 60	30～60V 15～60s	碳钢、合金钢
高氯酸-甘油溶液	乙醇 甘油 高氯酸($w=30\%$)	700 100 200	15～50V 15～60s	高合金钢、高速钢、不锈钢
高氯酸-乙醇溶液	乙醇 高氯酸($w=60\%$)	800 200	35～80V 15～60s	不锈钢、耐热钢
铬酸水溶液	水 铬酸	830 620	1.5～9V 2～9min	不锈钢、耐热钢
磷酸水溶液	水 磷酸	300 700	1.5～2V 5～15s	铜及铜合金

续表

抛光液名称	成分/mL		规范	用途
磷酸-乙醇溶液	水 乙醇 磷酸	200 380 400	25～30V 4～6s	铝、镁、银合金

电解抛光步骤：将试样浸入电解液中作阳极，用铅板或不锈钢板作为阴极，试样与阴极之间的距离保持 20～30mm，接通电源，当电流密度足够大时，试样磨面即由于电化学作用而发生选择性溶解，从而获得光滑平整的表面。抛光完毕后，取出试样切断电源，将试样迅速用水冲洗吹干。

5. 金相试样的侵蚀

金相试样侵蚀的目的是显示它的微观组织。常用方法有化学侵蚀、电解侵蚀法等。

（1）化学侵蚀法

化学侵蚀法就是利用化学试剂对试样表面进行溶解或电化学作用来显示金属的组织。纯金属及单相合金的侵蚀是一个化学溶解过程，因为晶界原子排列较乱，不稳定，在晶界上的原子具有较高的自由能，晶界处就容易因侵蚀而下凹，来自显微镜的光线在凹处就产生漫反射回不到目镜中，晶界呈现黑色，见图 1-3(a)。二相合金的侵蚀与纯金属截然不同，它主要是一个电化学过程。因为不同的相具有不同的电位，当试样侵蚀时，就形成许多微小的局部电池，具有较高负电位的一相为阳极被迅速溶解，而逐渐凹洼，具有较高正电位的一相为阴极，不被侵蚀，保持原有的平面，两相形成的电位差越大，侵蚀速度越快，在光线的照射下，两个相就形成了不同的颜色，凹洼的部分呈黑色，凸出的一相发亮呈白色，见图 1-3(b)。

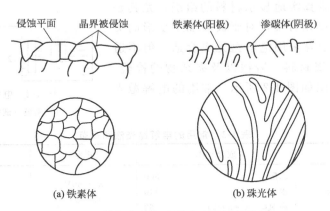

图 1-3　单相合金和双相合金侵蚀示意图

（2）电解侵蚀法

原理基本与电解抛光相似，在电解抛光开始时试样产生"侵蚀"现象始就是电解侵蚀的工作范围。此方法对于某些具有极高化学稳定性的合金，如不锈钢、耐热钢、热电偶材料等，仍极难清晰地显示出它们的组织。

三、实验仪器及材料

1. 实验仪器

立式金相显微镜，卧式金相显微镜，砂轮机，预磨机，抛光机，电吹风。

2. 实验材料

结构钢、工具钢、特殊性能钢、铸铁、有色金属等试样，不同型号的金相砂纸，抛光液，酒精，4％硝酸酒精侵蚀剂，脱脂棉，竹夹子。

四、实验内容及步骤

1. 实验内容

（1）学习掌握金相试样的取样、镶嵌、磨制。

（2）学习掌握金相试样侵蚀剂的选取方法。

（3）学习掌握金相试样制备质量的检验方法。

2. 实验步骤

每位同学领取一块试样，按照上述制样过程进行操作，注意掌握每一步骤的要点。

（1）用砂轮打磨，获得平整磨面。

（2）用预磨机从粗到细磨光。

（3）用抛光机抛光，获得光亮镜面。

（4）用侵蚀剂侵蚀试样磨面，然后用金相显微镜观察所侵蚀试样的组织。

（5）分析所制备试样的质量。

五、实验注意事项

1. 试样进行化学侵蚀时应在专用的实验台上进行，对有毒的试剂应在抽风橱内进行。

2. 试样侵蚀前应清洗干净，磨面上不允许有任何脏物，以免影响侵蚀效果。

3. 根据试样材料和检验要求正确选择侵蚀剂，常用化学侵蚀剂见表1-3。

表 1-3　常用化学侵蚀剂

序号	侵蚀剂名称	成分		适用范围	使用要点
1	硝酸酒精溶液	硝酸 酒精	1～5mL 100mL	碳钢及低合金钢的组织显示	硝酸含量按材料选择，侵蚀数秒钟
2	苦味酸酒精溶液	苦味酸 酒精	2～10g 100mL	对钢铁材料的细密组织显示较清晰	侵蚀时间数秒钟至数分钟
3	苦味酸盐酸酒精溶液	苦味酸 盐酸 酒精	1～5g 5mL 100mL	显示淬火及淬火回火后钢的晶粒和组织	侵蚀时间较上例为快些,约数秒钟至一分钟
4	苛性钠苦味酸水溶液	苛性钠 苦味酸 水	25g 2g 100g	钢中的渗碳体染成暗黑色	加热煮沸侵蚀 5～30min
5	氯化铁盐酸水溶液	氯化铁 盐酸 水	5g 50g 100g	显示不锈钢、奥氏体高镍钢、铜及铜合金组织	侵蚀至显现组织
6	王水甘油溶液	硝酸 盐酸 甘油	10mL 20～30mL 30mL	显示奥氏体镍铬合金等组织	先用盐酸与甘油充分混合,然后加入硝酸,试样侵蚀前先用热水预热
7	氨水双氧水溶液	氨水（饱和） 3％双氧水溶液	50mL 50mL	显示铜及铜合金组织	配好后,马上使用、用棉花蘸擦
8	氯化铜氨水溶液	氯化铜 氨水（饱和）	8g 100mL	显示铜及铜合金组织	侵蚀 30～50s

续表

序号	侵蚀剂名称	成分		适用范围	使用要点
9	混合酸	氢氟酸（浓） 盐酸 硝酸 水	1mL 1.5mL 2.5mL 95mL	显示硬铝组织	侵蚀10～20s或用棉花蘸擦
10	氢氟酸水溶液	氢氟酸（浓） 水	0.5mL 99.5mL	显示一般铝合金组织	用棉花擦拭
11	苛性钠水溶液	苛性钠 水	1g 90mL	显示铝及铝合金组织	侵蚀数秒钟

4. 注意掌握侵蚀时间，根据经验，一般磨面的光亮逐渐失去光泽而变成银灰色或灰黑色即可，金相试样最终质量应由显微镜决定。通常高倍试样侵蚀宜浅，低倍试样侵蚀可深一些。

5. 金相试样侵蚀适度后，应立即用清水冲洗干净，滴上无水乙醇吹干，然后即可进行显微分析。

六、实验报告要求

1. 写出实验目的。

2. 简述金相组织分析原理及金相显微试样的制备过程。

3. 绘制侵蚀后试样显微组织。

4. 总结实验中存在的问题与体会。

七、思考题

1. 金相试样的取样原则是什么？

2. 金相显微试样的制备过程？

3. 如何选择侵蚀剂？金相实验室常用化学侵蚀剂有哪些？

4. 如何制备高质量的金相显微试样？

实验二　金相显微镜与金相摄影

利用显微镜检验金属材料内部组织和缺陷是金属材料研究中的一种基本实验技术，也是学生必须掌握的金相显微分析手段。光学显微镜是用于金属显微分析的主要工具，它是利用光线的反射将不透明物件放大后进行观察的。将按一定程序制备好的金属试样放在光学显微镜下进行放大和观察，可以研究金属组织与成分和性能之间的关系，确定各种金属经不同加工工序及热处理后的显微组织；鉴别金属材料质量的优劣，如金属晶粒度大小，以及各种非金属夹杂物在组织中的数量及分布情况等。

一、实验目的及要求

1. 掌握金相显微镜的成像原理和立式、卧式金相显微镜的构造。

2. 掌握金相显微镜实际操作方法。

3. 掌握金相摄影操作步骤与使用方法

二、实验原理

1. 金相显微镜

金相显微镜是用于观察金属内部组织结构的重要光学仪器。随着科技的发展和新技术的应用，现代的金相显微镜已发展到相当完善和先进的程度，已成为金相组织分析最基本、最重要和应用最广泛的研究方法之一。

（1）显微镜的光学原理

所有的光学仪器都是基于光线在均匀介质中作直线的传播，并在两种不同介质的分界面上发生折射或反射等现象构成的。金相显微镜也是运用了光学的反射和折射定律。它一般由两组透镜（物镜与目镜）组成，并借助物镜、目镜两次放大，使得物体得到极高的放大倍数。

① 显微镜的放大倍数　由图 2-1 可知，按照几何光学定律，物镜 Ob 将位于焦点 F_{Ob} 左上方的物体 O 放大成为一个倒立的实像 O′，当用目镜 OK 观察时，目镜重新又将 O′ 放大成倒立的虚像，即在目镜中看到的像。经物镜放大后的像（O′）的放大倍数 M_{Ob} 为：

$$M_{Ob} = \frac{\Delta}{F_{Ob}} = \frac{\text{光学镜筒长（约 160mm）}}{\text{物镜焦距}}$$

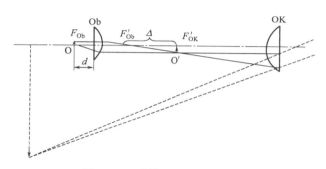

图 2-1　显微镜的光学成像图解

经目镜将 O′ 再次放大的放大倍数 M_{OK} 按照下面的公式计算：

$$M_{OK} = \frac{250}{F_{OK}} = \frac{\text{明视距离}}{\text{目镜焦距}}$$

得到显微镜的总放大倍数 M 为：

$$M = M_{OK} \times M_{Ob} = \frac{\Delta}{F_{Ob}} \times \frac{250}{F_{OK}}$$

放大倍数与物镜和目镜的焦距乘积成反比。

② 显微镜的分辨率　是指显微镜对于要观察的物体上彼此相近的两点产生清晰像的能力，可表示为：$d = \dfrac{\lambda}{NA}$

其中，d 为显微镜可以区分的两点间的距离；λ 为光的波长；NA 为数值孔径。从公式可以看出，物镜的数值孔径越大，入射光波波长越短，则显微镜的分辨率就越高。

③ 数值孔径　通常以 NA 表示，表征物镜的集光能力。

数值孔径 $NA = \eta \times \sin\psi$

其中，η 为介质的折射率；ψ 为孔径角的一半。介质的折射率越大，则物镜的数值孔径越大，即分辨率越高。

（2）金相显微镜的光学系统

金相显微镜的光学系统一般包括物镜、目镜、光阑、照明系统、滤色片等几部分。金相显微镜一般采用平行光照明系统，即灯丝像先会聚在孔径光阑上，再成像于物镜后焦面上，经物镜射出一束平行光线投射在试样表面。其特点是照明均匀，并且便于在各种照明方式中变换。如图 2-2 是国产江南 XJG-05 型金相显微镜的光路图。

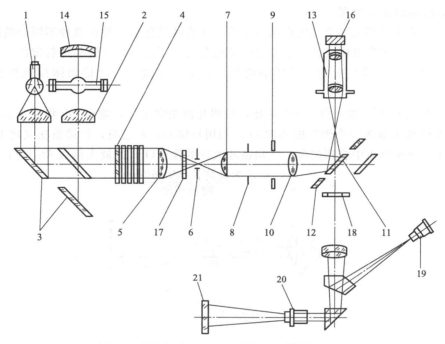

图 2-2　国产江南 XJG-05 型金相显微镜的光路图

1—白炽灯；2,5—聚光镜；3—反射镜；4—滤光片；6—孔径光阑；7—第一透镜；8—视场光阑；9—明-暗
滑板；10—第二透镜；11,12—平面半镀铝反射镜；13—物镜；14—光源反射镜；15—氙灯；
16—试样；17—起偏振镜；18—检偏振镜；19—目镜；20—摄影目镜；21—毛玻璃

① 物镜　物镜是显微镜最主要的部件，它是由许多种类的玻璃制成的不同形状的透镜组所构成的。位于物镜最前端的平凸透镜称为前透镜，其用途是放大，在它以下的其他透镜均是校正透镜，用以校正前透镜所引起的各种光学缺陷（如色差、像差、像弯曲等）。

按照所接触的介质可分为干系（介质是空气）、湿系或油浸系（介质是高折射率的液体）；按照其光学性能又可分为消色差、平面消色差、复消色差、平面复消色差、半消色差物镜和显微硬度物镜、相称物镜、球面及非球面反射物镜等。

② 目镜　主要用来对物镜已放大的图像进行再次放大。可分为普通目镜、校正目镜和投影目镜。

普通目镜是由两块平凸透镜组成的。在两个透镜中间、目透镜的前交叉点处安置一个光圈，其目的是为了限制显微镜的视场即限制边缘的光线。校正目镜（或称补偿目镜），它具有色"过正"的特性（过度的校正色差），以补偿物镜的残余色差，它还能补偿（校正）由物镜引起的光学缺陷。该目镜只与复消色差和半复消色差物镜配合使用。投影目镜专供照相时使用，用来消除物镜造成的曲面像。

③ 照明系统　金相显微镜中主要有两种照明物体的方法，即 45°平面玻璃反射和棱镜全

反射。这两种方法都是为了能使光线进行垂直转向，并投射在物体上。这种作用的结构称为"垂直照明器"。在金相工作中的照明方式分为明场和暗场照明两种。

明场照明是金相分析中常用的一种照明方式。垂直照明器将来自光源的水平方向光线转成垂直方向的光线，再由物镜将垂直或近似垂直的光线，照射到金相试样平面，然后由试样表面上反射来的光线，又垂直地通过物镜给予放大，最后由目镜再予以第二次放大。如果试样是一个镜面，那么最后的映像是明亮一片，试样的组织将呈黑色映像衬映在明亮的视域内，因此称为"明视场照明"。在后面章节中出现的金像图片大部分是以这种照明方式取得的。

暗场照明时入射光束绕过物镜，以极大的角度斜射到试样表面，散射光（漫射光）进入物镜成像。这样的光束是靠暗场折光反射镜和环形反射镜获得，其光路图见图 2-3。暗场照明提高了显微镜的实际分辨能力和衬度；可以鉴别钢中的夹杂物和固有色彩；暗场照明可以粗略地估算夹杂物的类型及所含元素的种类，故对非金属夹杂物可以做定性分析。

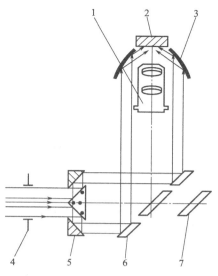

图 2-3　暗场照明光路图

1—物镜；2—试样；3—抛物型反射镜；4—光阑；5—棱镜；6,7—平面半镀铝反射镜

图 2-4 是在暗场下的条带状组织，其细节更加明显；图 2-5 是低温超导体导线在明场和暗场的形貌。

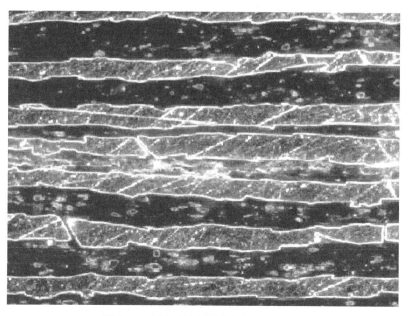

图 2-4　暗场下的条带状组织（500×）

④ 光阑　光阑的存在是为了提高映像质量。主要有孔径光阑和视域光阑两种。孔径光阑可以调节入射光线的粗细；孔径光阑过小降低物镜的分辨能力，孔径光阑过大又影响图像

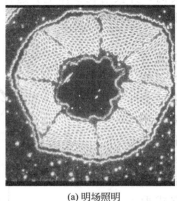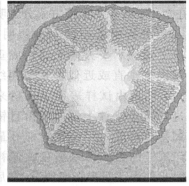

(a) 明场照明　　　　　　　　　　　(b) 暗场照明

图 2-5　低温超导体导线（500×）

衬度。视域光阑能改变观察区域的大小，还能减少镜头内部的反射与弦光；视域光阑越小，图像的衬度越好。孔径光阑和视域光阑都是为了改进映像的质量，而设置于光学系统中的，应根据映像的分辨能力和衬度的要求妥为调节，充分发挥其作用。切勿仅用以调节映像的明暗，而失去应有效应。

⑤ 滤色片　滤色片是金相显微镜摄影时的一个重要辅助工具，作用是吸收光源中发出的白光中波长较长不符合需要的光线，只让所需波长的光线通过，以得到一定色彩的光线，从而明显地表达出各种组织组成物的金相图片。滤色片的主要作用如下。

a. 对彩色图像进行黑白摄影时，使用滤色片可增加金相照片上组织的衬度，或提高某种带有色彩组织的细微部分的分辨能力。如果检验目的是要分辨某一组成相的细微部分，则可选用与所需鉴别的相同样色彩的滤色片，使该色的组成相能充分显示。

b. 校正残余色差。滤色片常与消色差物镜配合，消除物镜的残余色差。因为消色差物镜仅于黄绿光区域校正比较完善，所以在使用消色差物镜时应加黄绿色滤色片，复消色差物镜对波长的校正都极佳，故可不用滤色片或用黄绿、蓝色等滤色片。

c. 提高分辨率。光源波长越短，物镜的分辨能力越高，因此使用滤色片可得到较短波长的单色光，提高分辨力。

（3）新型金相显微镜简介

① 偏振光显微镜　利用自然光线射入光学各向异性晶体会发生分解为两束折射光线的现象，即双折射现象，来分析组织与晶粒、多相合金的相以及非金属夹杂物的鉴别、晶粒位向的测定等，如图 2-6 所示。

② 干涉显微镜　利用光的干涉原理来提高显微镜的垂直鉴别能力，能够显示试样表面的微小起伏，可用于表面光洁度测量、形变滑移带和切变型相变浮凸的观测以及裂纹的扩展等方面的研究。图 2-7 中干涉像中能够清晰显示马氏体的浮凸效果。

③ 相衬显微镜　利用特殊相板的作用，使不同位相的反射光发生干涉或叠加，借以鉴别金相组织。试样高度差在十埃到几百埃范围内都能清楚鉴别。可用于增加映像的衬度、获得清晰组织图像；显示显微偏析；用于滑移带、位错、表面浮凸的观察等。如图 2-8 能够看到纯铜表面产生塑性变形后出现的滑移台阶。

（4）测微目镜的校正

在进行脱碳层深度检验、晶粒度评级及夹杂物定量分析等工作时，需要用测微目镜对组

图 2-6　球铁在偏振光显微镜下的金相组织（100×）

(a) 明场像

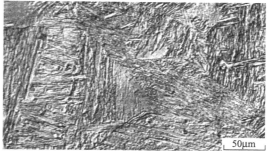

(b) 干涉像

图 2-7　低碳马氏体钢中的板条马氏体

图 2-8　纯铜的滑移痕迹（500×）

成物的尺寸进行测量。测微目镜是在普通目镜光阑上（即初像焦面上）装一个按 0.1mm 或 0.5mm 等分度的测微玻璃片。使用前，应用物镜测微尺对其进行校正。物镜测微只是刻有按 0.01mm 分度的玻璃尺，尺的刻度全长 1mm，具体校正方法如下。

将物镜测微尺作为被观察物体置于样品台上，刻度面朝物镜。用测微目镜观察，并调节其旋钮，使物镜测微尺的若干刻度 n 与测微目镜上若干刻度 m 对齐，如图 2-9 所示。由于已知物镜测微尺每小格为 0.01mm，所以测微目镜中每小格所量度的实际长度为：

$$a = \frac{n}{m} \times 0.01 \quad (\text{mm})$$

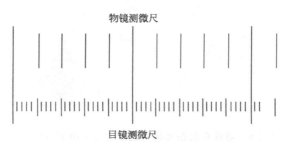

图 2-9　测微目镜刻度校正

在图 2-9 中，物镜测微尺上的 10 格（相当于 0.01mm×10＝0.1mm）与测微目镜的 50 格对齐，所以测微目镜内每小格所量度的实际长度为：

$$a = \frac{n}{m} \times 0.01 \quad (\text{mm})$$

若用测微目镜测量的组织组成物长度为 N 格，则它的实际长度为 $N \times a$（mm）。应当注意：校正后进行实际测量时，必须仍用校正时的物镜；若改用别的物镜，又需重新校正。

2. 金相摄影

金相摄影是在数字显微互动系统及金相显微镜上进行的。

（1）试样制备要求

根据检验内容及相关标准要求制备金相试样。要照相的金相试样需要特别精制、要求在被照视区无划痕，显微组织清晰，层次分明，无金属变形层或假相，石墨及夹杂物不得被磨掉或有曳尾现象。

（2）照相

通过金相显微镜使用数字显微镜软件获得材料的金相照片。

① 要正确调试显微镜，选用适当的放大倍数、滤光片和孔径光栏，可用专附的放大镜在照像毛玻璃上观察影像的清晰程度。

② 运行桌面上数字显微镜软件快捷方式 MiE 软件。

③ 点击"设置"按钮，对所获得的金相照片的格式、保存位置、物镜放大倍数及测定单位等进行设置。

④ 点击"预览"按钮，对金相试样的组织进行观察，调节载物台旋钮选择合适的视场。

⑤ 点击"拍照"按钮，对所选区域进行拍照。

⑥ 点击屏幕左上角"图像处理"选项卡，对所获得的金相照片进行图片处理。

3. 影响金相照片质量的因素

影响金相照片质量的因素有原材料本身缺陷、样品制备缺陷和拍摄技巧。

（1）原材料本身缺陷

① 疏松孔洞 试样中的疏松孔洞，常见于实验室里自行熔炼浇注时，如图 2-10 所示。照片中有黑洞出现，只能从材料浇注工艺方面改进。

图 2-10 疏松孔洞成分偏析（500×）

② 成分偏析 由于成分不均匀导致各部分组织耐侵蚀程度不一致，如图 2-11 所示，照片中浅色区域和深色区域交替分布。成分偏析只能从材料轧制工艺上改进。

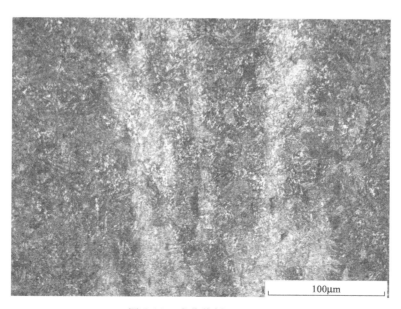

图 2-11 成分偏析（500×）

（2）样品制备缺陷

① 腐蚀坑 一般呈现斑点状，坑的周围有时发黄。腐蚀坑的产生原因是样品侵蚀后没

有及时冲洗干净，或者多次抛光侵蚀导致。解决方法：如果腐蚀坑较浅，重新抛光，侵蚀后及时进行彻底清洗，同时用吹风机吹干去除；如果腐蚀坑较深，需要用细砂纸重新磨制后抛光再侵蚀。如图 2-12 所示，照片中箭头所指的黑色圆点即为腐蚀坑。

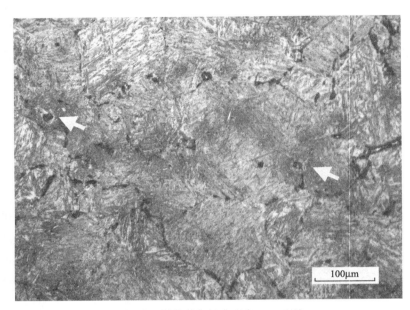

图 2-12　金相试样中腐蚀坑（500×）

② 侵蚀过度　如图 2-13 所示，组织已经发黑，有氧化层，有大量的腐蚀坑。解决方法为重新磨制。

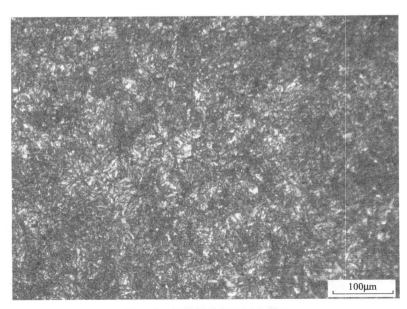

图 2-13　样品侵蚀过度（500×）

③ 侵蚀过浅　如图 2-14 所示。组织轮廓没有显现出来。解决方法是重新侵蚀。
④ 划痕　如图 2-15 所示，原因是样品磨制或抛光不彻底。解决方法是，视划痕深浅程

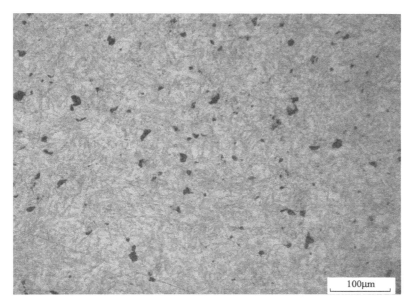

图 2-14 样品侵蚀过浅（500×）

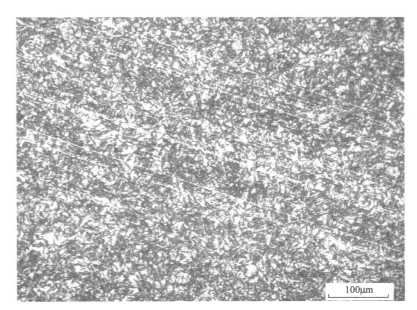

图 2-15 样品表面的划痕（500×）

度，选择重新磨制或抛光。

⑤ 样品不平 金相显微镜的景深一般较小。样品磨制过程中或多或少都有微小的不平整，就是有弧度或倒角。如果样品观察区域的高低之差超过了显微镜的景深，反映到照片上就是一部分区域清晰，另一部分区域模糊；调焦距后，情况反过来，刚才清楚的区域模糊，另一部分变清晰了，即整个视野不能同时聚上焦，如图 2-16 所示。

解决方法：改进磨制样品的方法，均匀用力，使样品尽量趋近平整；改用低的放大倍数观察拍摄；从样品整个观察面来讲，样品的中心要比边缘更平整，边缘容易出圆弧，所以尽

图 2-16　样品不平（500×）

量观察样品的中心部分；如果观察样品边缘或试样较小时，如镀层样品、渗碳样品等，要镶嵌后再观察。

（3）拍摄方面

① 亮度不合适　如图 2-17 所示，由于亮度过高或者过低，导致大量的细节丢失，出现空白区域或者黑色。解决方法：选择合适的亮度，使组织最浅色部分（灰度值最小的部分）能看到细节；如果样品侵蚀过重，氧化层太厚，组织颜色过深，这时要重新制样。

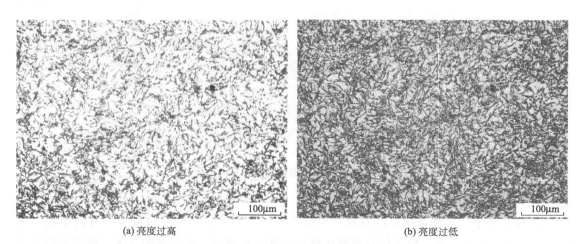

(a) 亮度过高　　　　　　　　　　　　　　(b) 亮度过低

图 2-17　同一试样不同拍摄亮度（500×）

② 视野过小　选择放大倍数时，要根据组织的粗细情况而定，不要盲目追求高倍数，既要能分辨清楚组织，又要使组织有代表性。视野如果过小，组织没有代表性，如图 2-18 所示。

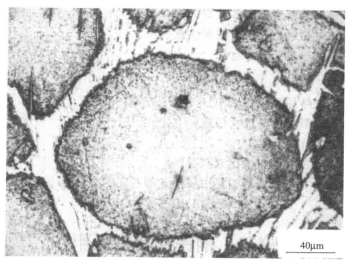

40μm

图 2-18　拍摄视野过小（500×）

三、实验仪器及材料

1. 实验仪器

数码金相显微镜，金相摄影软件。

2. 试验材料

结构钢、工具钢、特殊性能钢、铸铁、有色金属试样若干。

四、实验内容及步骤

1. 了解 XJG-01 型立式金相显微镜、XJG-02 型立式金相显微镜、XJG-05 型卧式金相显微镜、4XC 型金相显微镜的结构，掌握操作方法。

2. 打开数字显微软件，熟悉软件设置与操作。

3. 操作光学显微镜，观察金相样品，调节显微镜并找出最好的视场。

4. 选择适当的放大倍数、按照相步骤进行拍照。

5. 金相图片照好后，进行图像处理，即调节图片的对比度、亮度等。

6. 设立文件夹，保存金相图片，完成金相摄影的全过程。

五、实验注意事项

1. 操作时金相试样要干净，不允许将侵蚀未干的试样在显微镜下观察，以避免腐蚀物镜。

2. 金相显微镜属于精密仪器，操作应细心，不能有粗暴和剧烈动作。

3. 显微镜的镜头和试样表面不能用手直接触摸。若镜头中落入灰尘，可用镜头纸轻轻擦拭。

4. 显微镜的照明灯泡必须接在专用变压器上，注意电源电压，以免烧毁灯泡。

5. 旋转粗调和微调手轮时，动作要慢，碰到故障应立即停止，严禁使用蛮力以免损坏机件。

6. 显微镜光学系统不允许自行拆卸，金相显微分析后应及时关闭电源。

六、实验报告要求

1. 写出实验目的。

2. 简述光学显微镜的基本原理和主要结构。

3. 简要记述光学显微镜的使用方法和注意事项。

4. 画出所观察到的显微组织示意图。

七、思考题

1. 光学显微镜的光学原理是什么？

2. 怎样计算金相显微镜的总放大倍数？

3. 光学显微镜的操作过程如何？

4. 影响光学显微镜成像质量的因素有哪些？

5. 在数码金相摄影中，制样和拍摄中要注意哪些问题？

实验三　钢铁材料常见组织

　　Fe-C（Fe-Fe₃C）相图和 C 曲线是金属材料热处理中非常重要的两条曲线，通过这两条曲线可以去定材料的热处理温度和热处理工艺。不同材料的不同处理工艺则对应不同的组织，从而获得不同的性能。组织识别在金相检验技术中的地位特殊，因此有必要掌握钢铁材料的平衡状态和非平衡状态中的常见典型组织。

一、实验目的及要求

1. 学习掌握并分析 Fe-C(Fe-Fe₃C) 相图。

2. 学习掌握等温冷却 C 曲线的应用。

3. 学习掌握钢铁材料常见平衡组织。

4. 学习掌握钢铁材料非平衡组织。

二、实验原理

1. Fe-C(Fe-Fe₃C) 相图

　　由于碳在铁中的含量超过溶解度后剩余的碳可以有两种形式存在，即以渗碳体 Fe_3C 和石墨碳的形式存在，因此，Fe-C 合金有两种相图，即 Fe-C 和 Fe-Fe₃C 相图。在通常情况下，铁碳合金是按 Fe-Fe₃C 系进行转变的。图 3-1 即为 Fe-Fe₃C 相图。图中各特性点的温度、碳含量及意义见表 3-1，其特性点的符号是国际通用的，不能随便变换。

表 3-1　铁碳合金相图中的特性点

符号	温度/℃	w_C/%	说　明	符号	温度/℃	w_C/%	说　明
A	1538	0	纯铁的熔点	J	1495	0.17	包晶点
B	1495	0.53	包晶转变时液态合金的成分	K	727	6.69	渗碳体成分
C	1148	4.3	共晶点	M	770	0	纯铁的磁性转变点
D	1227	6.69	渗碳体的熔点	N	1394	0	γ-Fe ⇌ δ-Fe 的转变温度
E	1148	2.11	碳在 γ-Fe 中的最大溶解度	P	727	0.0218	碳在 α-Fe 中的最大溶解度
G	912	0	α-Fe ⇌ γ-Fe 转变温度(A_3)	S	727	0.77	共析点(A_1)
H	1495	0.09	碳在 δ-Fe 中的最大溶解度	Q	600	0.0057	600℃时碳在 α-Fe 中的溶解度

　　相图中的点、线、区的意义：

　　相图中的 ABCD 为液相线，AHJECF 是固相线，相图中有五个单相区，它们是：

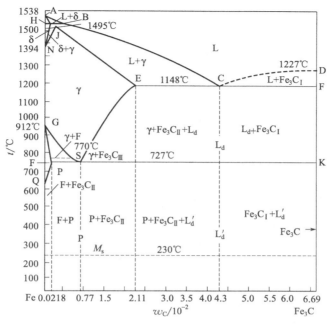

图 3-1 Fe-Fe₃C 相图

ABCD 以上——液相区，用符号 L 表示

AHNA——固溶体区，用符号 δ 表示

NJESGN——奥氏体区，用符号 γ 表示

GFQG——铁素体区，用 α 或 F 表示

DFKZ——渗碳体区，用 Fe₃C 或 Cm 表示

相图中有七个两相区，它们是：L＋δ，L＋γ，L＋Fe₃C，δ＋γ，γ＋α，γ＋Fe₃C 及 α＋Fe₃C。

Fe-Fe₃C 相图上有三条水平线，即 HJB——包晶转变线，ECF——共晶转变线，FSIS——共析转变线。

此外相图上还有两条磁性转变线：MO 线（770℃）为铁素体的磁性转变线，230℃ 虚线为渗碳体的磁性转变线。

2. Fe-C 相图分析

（1）包晶转变（水平线 HJB）

在 1495℃ 恒温下，含碳量为 0.53％（质量分数，下同）的液相与含碳量为 0.09％ 的 δ 铁素体发生包晶反应，形成含碳量为 0.17％ 的奥氏体，其反应式为：

$$L_B + \delta_H \Longleftrightarrow \gamma_J$$

进行包晶反应时，奥氏体沿 δ 相与液相的界面成核，并向 δ 相和液相两个方向长大，包晶反应终了时 δ 相和液相同时耗尽，变成单一的奥氏体相。

此类转变仅发生在含碳量为 0.09％～0.53％ 的铁碳合金中。

（2）共晶转变（水平线 ECF）

共晶转变发生在 1148℃ 的恒温中，由含碳量为 4.3％ 的液相转变为含碳 2.11％ 的奥氏体和渗碳体（含碳量为 $w_C = 6.69\%$）所组成的混合物，称为莱氏体，用 L_d 表示其反应式为：

$$L_d \rightleftharpoons \gamma_E + Fe_3C$$

在莱氏体中，渗碳体是连续分布的相，而奥氏体则呈颗粒状分布在其上，由于渗碳体很脆，所以莱氏体的塑性是很差的，无实用价值。凡含碳量在 2.11%～6.69% 的铁碳合金都发生这个转变。

（3）共析转变（水平线 PSK）

共析转变发生在 727℃恒温下，是由含碳量为 0.77% 的奥氏体转变成含碳 0.0218% 的铁素体和渗碳体所组成的混合物，称为珠光体，用符号 P 表示。其反应式为：

$$\gamma_S \rightleftharpoons \alpha + Fe_3C$$

珠光体组织是片层状的，其中的铁素体体积大约是渗碳体的 8 倍，所以在金相显微镜下，较厚的片是铁素体，较薄的片是渗碳体。所有含碳量超过做 $w_C = 0.02\%$ 的铁碳合金都发生这个转变。共析转变温度常标为 A_1 温度。

此外，Fe-Fe$_3$C 相图中还有三条重要的固态转变线。

① GS 线　奥氏体中开始析出铁素体或铁素体全部溶入奥氏体的转变线，常称此温度为 A_3 温度。

② ES 线　碳在奥氏体中的溶解度线，此温度常称为 A_{cm} 温度。低于此温度时，奥氏体中仍将析出 Fe$_3$C，把它称为二次 Fe$_3$C，记作 Fe$_3$C$_{II}$，以区别从液体中经 CD 线直接析出的一次渗碳体（Fe$_3$C$_I$）。

③ PQ 线　碳在铁素体中的溶解度线，在 727℃时，碳在铁素体中的最大溶解度仅为 0.0218%，随着温度的降低，铁素体中的溶碳量是逐渐减少的，在 300℃以下溶碳量少于 0.001%。因此，铁素体从 727℃冷却下来，也会析出渗碳体，称为三次渗碳体，记作 Fe$_3$C$_{III}$。

3. 铁碳合金的分类

通常按有无共晶转变来区分碳钢和铸铁，即含碳量低于 2.11% 的为碳钢，大于 2.11% 的为铸铁。含碳量小于 0.0218% 的为工业纯铁。按 Fe-Fe$_3$C 系结晶的铸铁，碳以石墨 C 形式存在，断口为白亮色，称为白口铸铁。

根据组织特征，可将铁碳合金按含碳量划分为七种类型：

① 工业纯铁。含碳量低于 0.0218%；

② 共析钢。含碳量 0.77%；

③ 亚共析钢。含碳量 0.0218%～0.77%；

④ 过共析钢。含碳量 0.77%～2.11%；

⑤ 共晶白口铁。含碳量 4.3%；

⑥ 亚共晶白口铁。含碳量 2.11%～4.3%；

⑦ 过共晶白口铁。含碳量 4.3%～6.69%。

4. 铁碳合金的平衡组织

铁碳合金的平衡组织指的是合金在加热到一定温度后以缓慢的冷却速度到室温状态得到的组织。根据组织特征，可将铁碳合金按照碳含量的不同划分为几种类型。

（1）工业纯铁

碳的质量分数小于 0.0218% 的铁碳合金称为工业纯铁。室温下的组织为单相的铁素体晶粒。用 4% 的硝酸酒精侵蚀后，铁素体呈白色。当碳的质量分数偏高时，在少数铁素体晶界上析出微量的三次渗碳体小薄片，见图 3-2。

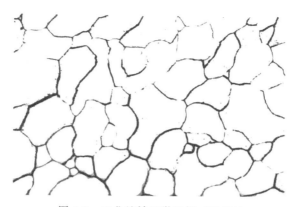

图 3-2　工业纯铁显微组织（100×）

（2）碳钢

碳的质量分数在 0.0218％～2.11％范围内的铁碳合金称为碳钢，根据钢中含碳量的不同，其组织也不同，钢又分为亚共析钢、共析钢、过共析钢三种。

① 亚共析钢　碳的质量分数在 0.0218％～0.77％范围内，室温下的组织为铁素体和珠光体，其组织见图 3-3。随着碳的质量分数的增加，先共析铁素体逐渐减少，珠光体数量增加。在图中白色有晶界的为铁素体，黑色层片状的组织为珠光体。

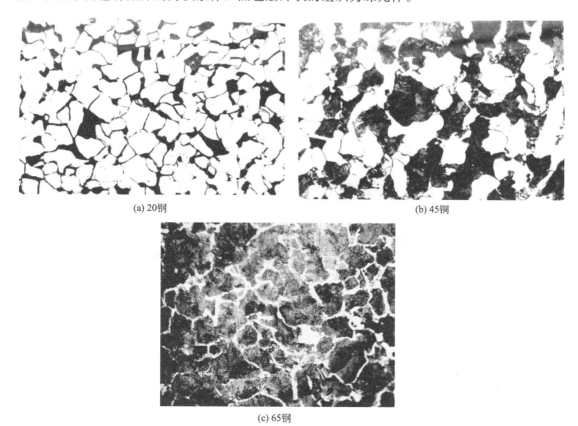

(a) 20钢

(b) 45钢

(c) 65钢

图 3-3　亚共析钢的显微组织（100×）

在显微镜下，可根据珠光体所占面积的百分数估计出亚共析钢的碳的质量分数：

$$w_C \approx w_P\% \times 0.77\%$$

w_C 为碳的质量分数；w_P 为珠光体所占面积的百分数。

② 共析钢　碳的质量分数在 0.77% 的碳钢为共析钢。室温下的组织为层片状珠光体，见图 3-4。在生产中，通常以 T8 钢作为共析钢处理。

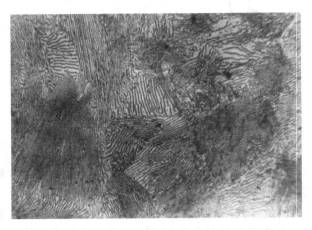

图 3-4　77 钢退火后的组织（100×）

③ 过共析钢　碳的质量分数在 0.77%～2.11% 范围的碳钢为过共析钢。室温下的组织为层片状珠光体和二次渗碳体，见图 3-5。用 4% 硝酸酒精侵蚀，二次渗碳体呈白色网状分布在珠光体周围；用碱性苦味酸钠溶液热蚀后，渗碳体呈黑色。

(a) 用4%硝酸酒精侵蚀　　　　　　　　　　　　　(b) 用碱性苦味酸钠热蚀

图 3-5　T12 钢退火后显微组织（400×）

（3）白口铸铁

含碳量在 2.11%～6.69% 范围内的铁碳合金为白口铸铁。根据含碳量的不同又分为亚共晶白口铸铁、共晶白口铸铁、过共晶白口铸铁三类。

① 亚共晶白口铸铁　碳的质量数为 2.11%～4.3%，室温组织为珠光体二次渗碳体和低温莱氏体，见图 3-6。黑色树枝状为初生奥氏体转变的珠光体，其周围白色网状物为二次渗碳体。其余为莱氏体，莱氏体中的黑色粒状或短杆状物为共晶珠光体。

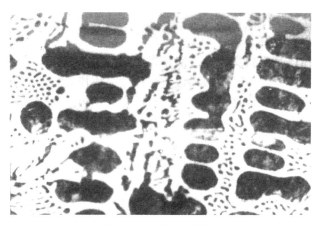

图 3-6　亚共晶白口铸铁显微组织（400×）

②共晶白口铸铁　碳的质量分数为 4.3%。室温组织为单一的莱氏体，见图 3-7。图中黑色的粒状短杆状为珠光体，白色基体为渗碳体。

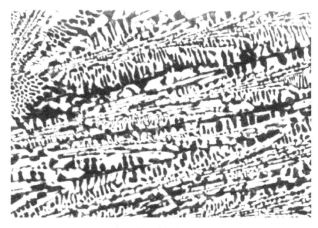

图 3-7　共晶白口铸铁组织（100×）

③过共晶白口铸铁　碳的质量分数在 4.3%～6.6% 之间。室温组织为一次渗碳体和莱氏体，见图 3-8。一次渗碳体呈白色长条状，贯穿在莱氏体基体上，其余为共晶莱氏体。

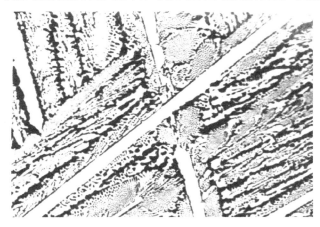

图 3-8　过共晶白口铸铁组织（100×）

5. 等温冷却 C 曲线的应用

从 Fe-Fe$_3$C 相图可知，在 A_1 温度以上，奥氏体是稳定的，不会发生转变；在 A_1 温度以下，在热力学上奥氏体是不稳定的，将向珠光体和其他组织转变。这种在临界温度以下存在且处于不稳定状态、将要发生转变的奥氏体叫过冷奥氏体。

在热处理实际生产中，奥氏体的冷却方法有两大类：第一类是等温冷却，即将处于奥氏体状态的钢迅速冷却至临界点以下某一温度并保温一定时间，让过冷奥氏体在该温度下发生组织转变，然后再冷至室温；另一类是连续冷却，即将处于奥氏体状态的钢以一定的速度冷至室温，使奥氏体在一个温度范围内发生连续转变。

（1）过冷奥氏体等温转变曲线

过冷奥氏体等温转变曲线称为 C 曲线，也称为 TTT（time temperature transformation），如图 3-9 所示（以共析钢为例）。

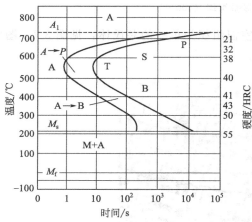

图 3-9　共析钢过冷奥氏体等温转变曲线

图中最上面的水平虚线为钢的临界点 A_1，下方的一根水平线 M_s 为马氏体转变开始温度，另一条水平线 M_f 为马氏体转变终了温度。A_1 和 M_s 之间左边的曲线为过冷奥氏体转变开始线，右边的曲线为过冷奥氏体转变终了线。A_1 线以上是奥氏体稳定区，M_s 线与 M_f 线之间的区域为马氏体转变区。两条 C 曲线之间是过冷奥氏体转变区域。在 A_1 温度下，过冷奥氏体转变开始线与纵坐标间的水平距离为过冷奥氏体在该温度下的孕育期。在不同温度下等温，其孕育期是不同的，在 550℃左右共析钢的孕育期最短转变速度最快，此处称为 C 曲线的鼻子。

C 曲线的形状和位置会随着材料中的主要成分的不同而变化。

① 碳含量的影响　与共析钢比较，亚共析钢和过共析钢的 C 曲线都多出一条先共析相析曲线，如图 3-10 所示。在发生珠光体转变以前，亚共析钢会先析出铁素体，过共析钢则先析出渗碳体。

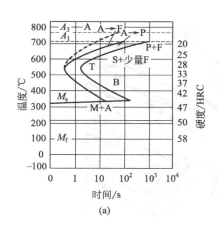

(a)

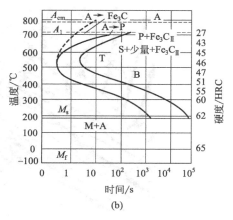

(b)

图 3-10　亚共析钢（a）和过共析钢（b）的过冷奥氏体等温转变曲线

②　合金元素的影响　材料中加入微量的 B 元素可以明显地提高过冷奥氏体的稳定性。在一般情况下，除 Co 元素和 Al（$w_{Al} > 2.5\%$）元素以外的所有溶入奥氏体中的合金元素，都会增加过冷奥氏体的稳定性，使 C 曲线向右移，并使 M_s 点降低，其中 Mo 元素的影响最为强烈。

③　奥氏体的晶粒度和均匀化程度的影响　奥氏体晶粒细化有利于新相的形核和原子的扩散，有利于奥氏体先共析转变和珠光体转变，但晶粒度对贝氏体转变和马氏体转变的影响不大。奥氏体的均匀程度越均匀，奥氏体的稳定性越好，奥氏体转变所需时间越长，C 曲线往右移，所以，奥氏体化温度越高，保温时间越长，则奥氏体晶粒越粗大，成分越均匀，从而增加了它的稳定性，使 C 曲线向右移，反之则向左移。

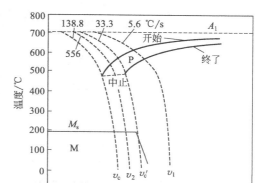

图 3-11　共析钢过冷奥氏体连续冷却转变曲线

（2）过冷奥氏体连续转变曲线

共析钢的过冷奥氏体连续转变曲线只有珠光体转变区和马氏体转变区，无贝氏体转变区，如图 3-11 所示。珠光体转变区由三条线构成，图中左边一条线为过冷奥氏体转变开始线，右边一条为转变终了线，两条曲线下面的连线为过冷奥氏体转变终止线。M_s 线和临界冷却速度 v_c 线以下为马氏体转变区。

从图可以看出，当过冷奥氏体以 v_1 速度冷却，冷却曲线与珠光体转变线相交时，奥氏体便开始向珠光体转变，当与珠光体转变终了线相交时，表明奥氏体转变完毕，获得 100% 的珠光体。但冷却速度增大到 v_c 时，冷却曲线不与珠光体转变线相交，而与 M_s 线相交，此时发生马氏体转变。冷至 M_f 点时转变终止，得到的组织为马氏体＋未转变的残留奥氏体。冷却速度介于 v_c 与 v_c' 之间时，则过冷奥氏体先开始珠光体转变，但冷到转变终了线时，珠光体转变停止，继续冷却至 M_s 点以下，未转变的过冷奥氏体开始发生马氏体转变，最后的组织为珠光体＋马氏体。

亚共析钢的转变与共析钢相比有较大差别。亚共析钢在转变时出现了先共析铁素体区和贝氏体转变区，且 M_s 点右端降低。对于过共析钢而言，虽然也无贝氏体转变区，但它有先共析渗碳体析出区，M_s 点右端则有所升高。亚共析钢和过共析钢的过冷奥氏体连续冷却转变曲线如图 3-12 所示。

（3）钢的珠光体转变

珠光体的转变发生在临界温度 A_1 以下较高的范围内，又称为高温转变。珠光体转变是单相奥氏体分解为铁素体和渗碳体相的机械混合物的镶边过程，属于扩散型相变。按照珠光体中的 Fe_3C 形态，可把珠光体分为片状珠光体和粒状珠光体。

片状珠光体是由片层相间的铁素体和渗碳体片组成，若干大致平行的铁素体和渗碳体片组成一个珠光体领域或珠光体团，在一个奥氏体晶粒内，可形成几个珠光体团，图 3-13（a）为扫描电镜下典型的珠光体组织形态。珠光体团中相邻的两片渗碳体（或铁素体）之间的距离称为珠光体片间距，是用来衡量珠光体组织粗细程度的一个重要指标。珠光体片间距的大小主要与过冷度（即珠光体的形成温度）有关，而与奥氏体的晶粒度和均匀性无关。片状珠光体的力学性能主要取决于片间距和珠光体团的直径，珠光体团的直径越小，片间距越小，

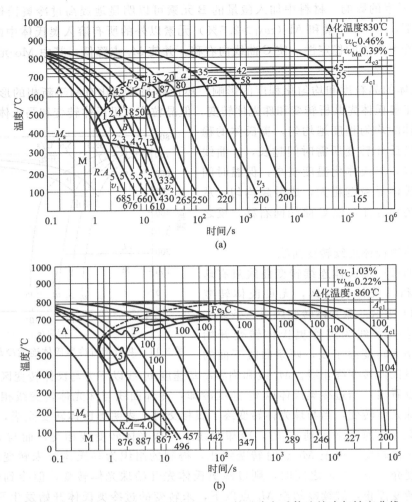

(a)

(b)

图 3-12　亚共析钢（a）和过共析钢（b）的过冷奥氏体连续冷却转变曲线

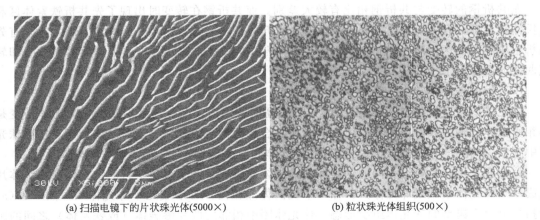

(a)扫描电镜下的片状珠光体(5000×)　　(b)粒状珠光体组织(500×)

图 3-13　珠光体形态

则钢的强度和硬度越高，塑性显著升高

　　粒状珠光体是由片状珠光体经球化退火后，组织变为在铁素体基体上分布着颗粒状渗碳体的组织。粒状珠光体的力学性能主要取决于渗碳体颗粒的大小、形态与分布状况。一般情况下，钢的成分一定时，渗碳体颗粒越细形状越接近等轴状，分布越均匀，其强度和硬度就越高，韧性越好。在相同成分下，粒状珠光体的硬度比片状珠光体稍低，但塑性、冷加工性较好。

（4）钢的马氏体转变

马氏体转变属于低温转变。钢的马氏体组织是碳在 α-Fe 中的过饱和固溶体，具有很高的硬度和强度。由于马氏体转变是在较低温度下进行的，此时，碳原子和铁原子均不能进行扩散。马氏体转变过程中的铁的晶格改组是通过切变方式来完成的，所以，马氏体转变是典型的非扩散型相变。马氏体分为板条马氏体和片状马氏体。

板条马氏体是中、低碳钢及马氏体时效钢、不锈钢等铁基合金中形成的一种典型马氏体组织，它是由许多成群的、相互平行排列的板条所组成，如图 3-14(a) 所示。板条马氏体的空间形态是扁条状，其亚结构主要为高密度的位错，这些位错分布不均匀且相互缠结，形成胞状亚结构。

(a) 板条马氏体组织　　　　　　　　　　(b) 片状马氏体组织

图 3-14　马氏体组织（500×）

片状马氏体是在中、高碳钢和 Ni 含量大于 20％的 Fe-Ni 合金中出现的马氏体。片状马氏体的空间形态呈双凸透镜状，由于与试样的磨面相截，在光学显微镜下，则呈针状或竹叶状，所以又称为针状马氏体。马氏体片之间不平行，呈一定的交角，其组织形态如图 3-14(b) 所示。片状马氏体内部的亚结构主要是孪晶，所以片状马氏体又称孪晶马氏体。

影响马氏体转变的主要因素有以下几点。

① 化学成分　钢的 M_s 点主要取决于它的奥氏体成分，其中碳是影响最强烈的因素。随着奥氏体中含碳量的增加，M_s 和 M_f 点下移降。溶入奥氏体中的合金元素除 Al、Co 提高 M_s 点，Si、B 不影响 M_s 点以外，绝大多数合金元素均不同程度地降低 M_s 点。

② 奥氏体晶粒大小　奥氏体晶粒增大会使 M_s 点升高。

③ 奥氏体的强度　随着奥氏体强度的提高，M_s 点降低。

（5）钢的贝氏体转变

贝氏体转变是介于马氏体和珠光体之间的转变，属于中温转变。其转变特点既有珠光体转变特征，又具有马氏体转变特征。其转变产物是碳过饱和的 Fe 和碳化物组成的机械混合物。根据形成温度的不同，可分为上贝氏体和下贝氏体。由于下贝氏体具有优良的综合力学性能故在工业中得到广泛应用。

　　上贝氏体形成于贝氏体转变区中较高温度范围内。钢中的贝氏体呈成束分布，是平行排列的铁素体和夹于其间的断续的条状渗碳体的混合物。在中、高碳钢中，当上贝氏体形成量不多时，在光学显微镜下可观察到成束排列的铁素体的羽毛状特征。图 3-15(a)、(b) 为上贝氏体的显微组织形态。

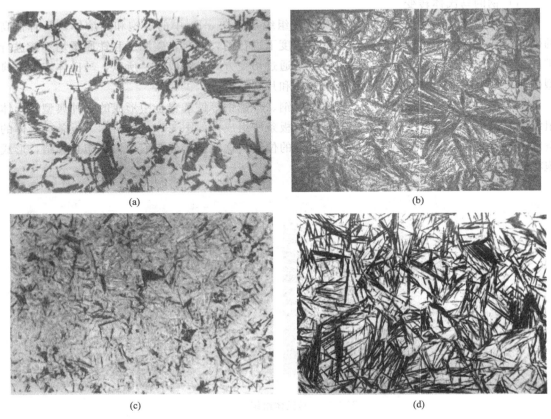

(a)　　　　　　　　　　　　　　　　　　(b)

(c)　　　　　　　　　　　　　　　　　　(d)

图 3-15　贝氏体形态（500×）

(a)、(b)—羽毛状的上贝氏体；(c)、(d)—黑色针状的下贝氏体

　　下贝氏体形成于贝氏体转变区较低温度范围。典型的下贝氏体是由含碳过饱和的片状铁素体和其内部沉淀的碳化物组成的机械混合物。下贝氏体的空间形态呈双凸透镜状，在光学显微镜下呈黑色针状或竹叶状，针与针之间呈一定夹角。图 3-15(c)、(d) 为下贝氏体的显微组织形态。下贝氏体可以在奥氏体晶界上形成，但更多的是在奥氏体晶内形成。

　　粒状贝氏体是近年来在一些中、低碳合金钢中发现的一种贝氏体，形成于上贝氏体转变区上限温度范围内。其组织特征是在粗大的块状或针状铁素体内或晶界上分布着一些孤立的形态为粒状或长条状的小岛，这些小岛是未转变的奥氏体。图 3-16 为粒状贝氏体显微组织形态。

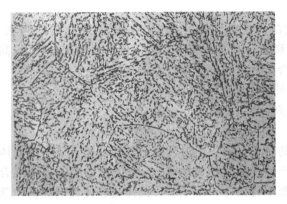

图 3-16　粒状贝氏体的显微组织形态（400×）

（6）魏氏组织

当亚共析钢或者过共析钢在高温以较快的速度冷却时，先共析的铁素体或者渗碳体从奥氏体晶界上沿一定的晶面向晶内生长，呈针状析出。在光学显微镜下，先共析的铁素体或者渗碳体近似平行，呈羽毛或三角状，其间存在着珠光体组织，称为魏氏组织，见图 3-17。生产中的魏氏组织大多为铁素体魏氏组织。

(a) 45钢铁素体魏氏组织(100×)　　　　　　　　(b) T12钢渗碳体魏氏组织(500×)

图 3-17　碳钢锻后空冷魏氏组织

魏氏组织容易出现在过热钢中，常伴随着奥氏体晶粒粗大而出现，使钢的力学性能尤其是塑性和冲击韧性显著降低，同时使脆性转折温度升高。因此，奥氏体晶粒越粗大，越容易出现魏氏组织。钢由高温较快地冷却下来往往容易出现魏氏组织，慢冷则不易出现。钢中的魏氏组织一般可通过细化晶粒的正火、退火以及锻造等方法加以消除，程度严重的可采用二次正火方法加以消除。

（7）常见组织的鉴别

前面提到的某些组织在光学显微镜下有时难于鉴别，现将难于分辨的几种热处理后的组织的鉴别方法汇总如下。

① 网状铁素体和网状渗碳体的鉴别

a. 显微硬度法：在 50g 载荷下，HV600 以上为 Fe_3C；HV200 以下为 F。

b. 化学侵蚀法：用碱性苦味酸钠热蚀，白色组织变为黑色为 Fe_3C；呈白色为 F。

c. 硬针刻划法：划痕粗者为 F；反之为 Fe_3C。

② 针状马氏体和下贝氏体的鉴别

a. 从形态上区别：针状马氏体针叶较宽且长，两个针叶相交时呈 60°角；下贝氏体针细且短，针的分布较任意，若两针相交时多为 55°角。

b. 用侵蚀法来区分：对试样进行浅侵蚀，下贝氏体由两相组成易于侵蚀，呈黑色；而马氏体不易侵蚀，颜色较浅，见图 3-18。

c. 在电镜下区别：下贝氏体针表面分布有 Fe_3C；而针状马氏体是孪晶，只看到中脊。

③ 淬火后未溶铁素体和残余奥氏体的区别

未溶铁素体有明显的晶界，存在于马氏体的相界边缘上；而残余奥氏体在马氏体针之间，其形态随马氏体针叶的分布形状而改变。见图 3-19 中未溶铁素体与残余奥氏体组织图。

6. 钢的退火、正火、淬火与回火组织

（1）退火

(a) T10钢950℃淬火针状马氏体　　　　　　　　(b) GCr15钢等温淬火组织

图 3-18　针状马氏体与下贝氏体组织（500×）

(a) 20Cr钢880℃淬水后的组织　　　　　　　　(b) 70Si3Mn钢过热淬火组织

图 3-19　未溶铁素体与残余奥氏体组织图（500×）

将工件加热到 Ac_3（或 Ac_1）以上的适当温度保温后在炉内缓慢冷却的工艺方法，称为退火。一般亚共析钢完全退火温度为 $Ac_3+(30\sim50)$℃；共析钢和过共析钢一般选择球化退火，球化退火温度为 $Ac_1+(30\sim50)$℃，若球化温度过高，会使碳化物完全溶解，出现球化不良；若加热温度太低，会保留部分片状碳化物，出现欠热组织。

（2）正火

将工件加热到 Ac_3（或 A_{cm}）以上，保温适当时间后，在静止的空气中冷却的热处理工艺称为正火。正火要使工件完全奥氏体化，其加热温度与钢的化学成分有关。一般亚共析钢加热温度为 $Ac_3+(50\sim70)$℃，共析钢和过共析钢的加热温度为 $A_{cm}+(50\sim70)$℃，过共析钢正火的目的主要是消除网状碳化物，为球化作准备。

（3）淬火

淬火是将工件加热到 Ac_3 或 Ac_1 以上某一温度保温一定时间，然后以适当速度冷却，获得马氏体或贝氏体组织的热处理工艺称为淬火。工件淬火温度的选择由工件的化学成分来决定。亚共析钢淬火温度为 $Ac_3+(30\sim50)$℃；过共析钢淬火温度为 $Ac_1+(30\sim50)$℃。

（4）钢的回火

回火是指工件淬硬后，再加热到 Ac_1 点以下某一温度，保温一定时间，然后冷却到室温下的热处理工艺。回火按加热温度分为低温、中温、高温回火三类。

①低温回火（150～250℃）　回火马氏体是淬火钢在低温回火（150～250℃）后的产物。当钢加热到约80℃时，其内部原子活动能力有所增加，马氏体中的过饱和碳开始逐步以碳化物的形式析出，马氏体中碳的过饱和程度不断降低，同时，晶格畸变程度也减弱，内应力有所降低。

这种由过饱和程度较低的马氏体和极细的碳化物所组成的组织，称为回火马氏体，见图3-20所示。基本特征是：回火马氏体仍具有马氏体特征，经腐蚀后颜色比淬火马氏体深。低温回火后材料的硬度变化不大，略有下降，主要目的是降低淬火应力和脆性，主要用于耐磨件的处理。

图3-20　45钢回火马氏体组织（500×）

②中温回火（350～500℃）　中温回火的组织为回火托氏体。回火托氏体是淬火钢在中温（350～500℃）回火后的产物。实际上是铁素体基体内分布着极其细小的碳化物（或渗碳体）球状颗粒，在光学显微镜下高倍放大也分辨不出其内部构造，只看到其总体是一片黑的复相组织。只有在电子显微镜下才可以分辨出其铁素体和渗碳体的片层结构。基本特征是：M针形逐渐消失，但仍然隐约可见，回火时析出的碳化物细小，在光学显微镜下难以分辨。如图3-21所示为45钢在淬火后400℃回火后得到的回火托氏体组织。中温回火的主要目的

图3-21　45钢回火托氏体组织（500×）

是获得高的屈服强度，好的弹性和韧性，主要用于弹性零件的热处理。

③ 高温回火（500～650℃）　高温回火组织为回火索氏体组织，又称调质组织。淬火钢在 500～650℃回火时，随着温度的升高，使细小的渗碳体颗粒自发的合并长大，聚集成较大的颗粒。其结果就是得到颗粒较大的渗碳体与铁素体所组成的机械混合物，这就是回火索氏体。回火索氏体的渗碳体基本属于颗粒状，基本特征是：铁素体＋细小颗粒状碳化物，在光学显微镜下可见，见图 3-22 所示在金相显微镜和扫描电镜下特征。高温回火的主要目的是获得硬度、强度和塑性、韧性都较好的力学性能，主要用于中碳结构钢的热处理。

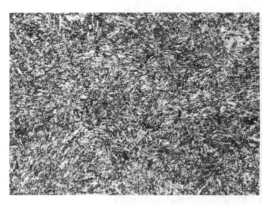 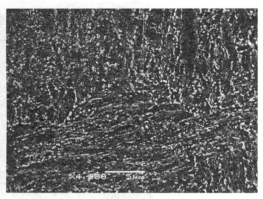

(a) 金相显微镜放大(500×)　　　　　　　(b) 扫描电镜放大(4000×)

图 3-22　45 钢回火索氏体组织

（5）常见热处理缺陷

碳钢热处理时，由于工艺参数选择不当，淬火时就会出现非马氏体组织，导致工件性能下降，甚至报废，常见缺陷有以下几种。

① 欠热组织　热处理时工件的加热温度较低，以及保温时间不足，在淬火后的马氏体很细小，存在大量细小碳化物或分布着一定数量的未溶铁素体，将导致工件的淬火硬度不够。见图 3-23 中 45 钢 750℃淬火组织，白色块状为未溶铁素体，暗色部分为马氏体，没有得到全马氏体组织。

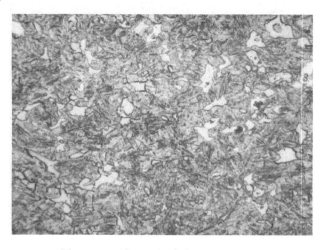

图 3-23　45 钢 750℃淬火组织（500×）

② 过热组织　金属材料在热处理加热过程中，由于加热温度过高或保温时间过长，往往会引起晶粒长大，从而使淬火后组织粗大，见图 3-24 所示。加热温度越高或在高温下停留时间越长，则晶粒将会越粗大，使金属的力学性能恶化。这种现象称为热处理过热。过热缺陷的特征主要表现为组织粗化。

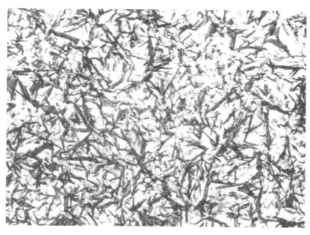

图 3-24　T10 钢 830℃淬火组织（500×）

③ 冷速不足　工件淬火时若冷却速度不够，组织中将出现托氏体、贝氏体和马氏体混合组织。托氏体是铁素体与片装渗碳体的机械混合物，属于在光学金相显微镜下已无法分辨片层的极细珠光体，硬度较低。如图 3-25 中 45 钢在 850℃淬火油冷时得到沿奥氏体晶界分布的黑色组织为托氏体，部分上贝氏体，基体为马氏体。

图 3-25　45 钢 860℃油冷组织（400×）

三、实验仪器及材料

1. 实验仪器

XJG-01 型立式金相显微镜，XJG-02 型立式金相显微镜，XJG-05 型卧式金相显微镜，4XC 型数码金相显微镜，金相摄影软件。

2. 实验材料

碳钢平衡状态试样、碳钢热处理试样等。

四、实验内容及步骤

1. 分析 Fe-C 相图。

2. 根据 Fe-C 相图画出钢的平衡组织。

3. 根据 C 曲线画出钢的非平衡组织。

4. 画出钢在回火后的组织。

五、实验报告及要求

1. 写出实验目的。

2. 画出 45 钢完全退火、750℃淬水、850℃淬水、920℃淬水、860℃淬油、正常淬火＋600℃回火后的组织。

3. 画出碳钢 350℃以上中温转变组织 $B_上$、350℃以下中温转变组织 $B_下$ 和粒状贝氏体 $B_粒$ 的组织。

六、思考题

1. 马氏体有几种类型，其组织形态如何？

2. 贝氏体有几种类型，其组织形态如何？

3. 铁素体和渗碳体如何区别？

4. 马氏体和下贝氏体的组织如何区别？

实验四　钢的宏观检验技术

钢的宏观检验技术又称宏观分析，它是通过肉眼或者放大镜来检验金属材料及其制品的宏观组织和缺陷的方法。此方法具有检验范围大，视域宽，检验方法、操作技术以及所需的检验设备简单，较快捷全面地反映出材料或产品的品质等优点。检验范围包括：钢材中的疏松、气泡、缩松残余、非金属夹杂物、偏析、白点、裂纹以及各种不正常的断口缺陷。

一、实验目的及要求

1. 了解钢的宏观检验技术。

2. 掌握硫印实验、酸蚀实验、断口实验、塔形实验。

二、实验原理

常见的宏观检验方法有：硫印实验、酸蚀实验、断口实验、塔形实验等。

1. 硫印实验

硫在钢中主要以硫化铁或硫化锰的形式存在。硫印实验可以用来检验硫元素在钢中的分布情况。

（1）基本原理

用稀 H_2SO_4 与硫化物反应生成硫化氢气体，再使硫化氢气体与印相纸上的溴化银作用生成棕色的硫化银沉淀物。反应式如下：

$$H_2SO_4 + FeS \longrightarrow H_2S\uparrow + FeSO_4$$

$$H_2SO_4 + MnS \longrightarrow H_2S\uparrow + MnSO_4$$

$$H_2S+2AgBr \longrightarrow Ag_2S\downarrow+2HBr$$

照相纸上显有棕色印痕之处，便是硫化物所在。印痕颜色深浅和数量，由试样中硫化物多少决定。

（2）方法和操作步骤

钢的硫印实验方法按照国标 GB/T 4236—1984 进行。

① 试样选取和制备 棒材、钢坯和圆钢等产品从垂直于扎制方向的界面选取。

对于锻件，应选取纵向截面进行实验。

对硫印试样采用刨、车、铣和研磨等方式加工，建议表面粗糙度约为 $R_a 1.6 \sim 1.8 \mu m$。

② 试验材料和试剂 相纸；3%体积硫酸＋97%体积水；定影液（采用商用定影液或 $150 \sim 200g/L$ $Na_2S_2O_3$ 水溶液）。

③ 步骤 在室温下把相纸浸入硫酸水溶液中 5min 左右→将湿润相纸的感光面贴到收件表面，受检表面应干净无油污→用药棉或橡皮辊筒不断在相纸背面均匀的揩拭或滚动，排出试样表面与相纸间的气泡和液滴→根据被检试样的现有资料以及待检缺陷的类型确定时间→揭掉相纸在流动的水中清洗 10min，然后放入定影液中浸泡 10min 以上，再放入流动的水中冲洗 30min，干燥。

④ 注意事项 为验证效果，需重复试验一次，第二次试验时相纸覆盖时间延长一倍。如对结果有怀疑，可将试样同一被检面进行机加工至少去除 0.5mm 以上。如图 4-1 所示。

2. 酸蚀实验

酸蚀实验是显示钢铁材料低倍组织的实验方法，是材料检验的最常用方法。此方法设备简单，操作方便，能清楚地显示钢铁材料中的各种缺陷，如：裂纹、夹杂、疏松、偏析以及气孔等。

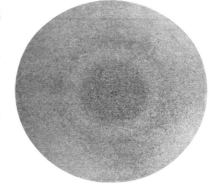

图 4-1 45 钢曲轴锻造正火态硫印实验（0.8×）

（1）试样的选取

酸蚀试样必须选取最易发生各种缺陷的部位。检验淬火裂纹、磨削裂纹、淬火软点等缺陷应选取材料的外表面进行实验；检验钢材质量时在钢材两端分别取样；钢中白点、偏析、皮下气泡、翻皮、疏松、残余缩孔、轴向晶间裂纹和折叠裂纹等缺陷，在横截面试样上取样；钢材中的锻造流线、应变线和条带状组织，在纵截面上取样。在作失效分析或缺陷分析时，除在缺陷处取样外，还应在有代表性的部位取样作比较分析。

（2）试样的制备

试样加工时必须去除由取样造成的变形和热影响区以及裂缝的加工缺陷；试样表面无油污和加工伤痕，表面粗糙度应小于 $1.6\mu m$，冷酸蚀法要小于 $0.8\mu m$。

（3）热酸蚀试验

酸蚀试样的腐蚀属于电化学腐蚀范围。当酸液加热到一定温度时，电化学腐蚀反应速度加快。

① 实验所需设备：酸蚀槽、加热器、碱水槽、流水冲洗槽、电热吹风。

② 腐蚀试剂和实验规范见表 4-1 所示。

③ 操作过程；在酸蚀槽中加热酸液→将加工好清洗干净的试样放于酸蚀槽中热蚀→在

一定温度下侵蚀一定时间后将试样取出→大型试样可先放入碱液槽中作中和处理，小试样直接用流水冲洗干净，用电吹风吹干→检验。注意：试样制备好后应防止生锈。

表 4-1 热酸蚀试剂和实验规范

分类	钢种	酸蚀时间/min	酸液成分	温度/℃
1	易切削钢	5～10	1:1（体积分数）工业盐酸水溶液	60～80
2	碳素结构钢,碳素工具钢,硅锰弹簧钢,铁素体型、马氏体型、复相不锈耐酸、耐热钢	5～20		
3	合金结构钢,合金工具钢,轴承钢,高速钢	15～20		
4	奥氏体型不锈钢、耐热钢	20～40 / 5～25	盐酸10份,硝酸1份,水10份（体积分数）	60～70
5	碳素结构钢,合金钢,高速钢	15～25	盐酸38份,硝酸12份,水50份（体积分数）	60～80

（4）冷酸蚀实验

此方法可直接在现场进行，比热酸蚀法有更大灵活性和适应性，但是在显示钢的偏析时，反差对比度比热蚀效果差。试样表面无油污和加工伤痕，表面粗糙度应小于 $0.8\mu m$。常用的冷酸蚀试剂如表 4-2 所示。

表 4-2 常用的冷酸蚀试剂

编号	冷酸液成分	使用范围
1	盐酸 500mL,硫酸 35mL,硫酸铜 150g	钢与合金
2	氯化高铁 200g,硝酸 300mL,水 100mL	
3	盐酸 300mL,氯化高铁 500g 加水至 1000mL	
4	10%～20%过硫酸铵水溶液	碳素结构钢、合金钢
5	10%～40%（容积比）硝酸水溶液	
6	氯化高铁饱和水溶液＋少量硝酸（每 500mL 溶液加 10mL 硝酸）	
7	硝酸 1 份,盐酸 3 份	合金钢
8	硫酸铜 100g,盐酸和水各 500mL	
9	硝酸 60mL,盐酸 200mL,氯化高铁 50g,过硫酸铵 30g,水 50mL	精密合金、高温合金
10	100～350g 工业氯化铜铵,水 1000mL	碳素结构钢、合金钢

冷酸蚀实验分为冷酸侵蚀法和冷酸擦拭法。

① 冷酸侵蚀法 将清洗干净的试样面向上浸没于冷蚀液中，用玻璃棒搅拌使试样均匀腐蚀，腐蚀完成后用流水冲洗干净，吹干检验。

② 冷酸擦拭法 将试样表面清洗干净，用一团干净的棉花蘸吸冷试剂，不断擦拭试

样面，直至能清洗显示低倍组织和宏观缺陷。用稀碱液中和试样表面的酸液，清水冲洗干净，喷淋无水酒精干燥，进行检验。此方法特别适用于现场腐蚀和不能破坏的大型机件。

（5）电解腐蚀试验

此试验是近年发展起来的试验方法，特别适用于钢材厂的大批量大型试验。

① 电解腐蚀的原理　由于钢材再结晶时产生的偏析、夹杂、气孔、组织上的变化以及析出的第三相等，使得金属表面的各部分的电极电位不同，在电解液中便形成了复杂的多极微电池，在外加电压时，各部位的电极点位发生改变，试样面上的电流密度也随之改变，加快了腐蚀速度，以达到电解腐蚀的目的。

② 实验装置　变压器，电极钢板，电解液槽，耐酸增压泵等。变压器输出的电压小于20V，电流 0～50A 或 0～100A 内调节。结构示意图如图4-2所示。

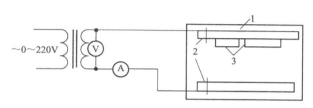

图 4-2　电解腐蚀设备示意图

1—酸槽；2—电解钢板；3—试样

③ 操作过程　室温配置 15％～20％（体积分数）的工业盐酸水溶液→试样放在两电极板之间，腐蚀面平行于阴极板，试样面间距不小于20mm→酸液经增压泵进入电解槽，并完全淹没试样→接通电源，调节电压小于20V，电流密度为 0.1～1A/cm² ，进行腐蚀→切断电源腐蚀结束→流水冲洗试样，去除腐蚀产物→滴无水酒精吹干，进行检验。

（6）低倍组织缺陷的评定和标准贯彻

钢的低倍组织缺陷评定范围和评定规则按照国家标准 GB/T 1979—2001《结构钢低倍组织缺陷评级图》，该标准适用于碳素结构钢、合金结构钢、弹簧钢钢材（锻、轧坯）横截面试样的缺陷评定。

评定原则：一般疏松评定原则，中心疏松评定原则，锭型偏析评定原则，斑点状偏析评定原则，白亮带评定原则，中心偏析评定原则，冒口偏析评定原则，皮下气泡评定原则，残余缩孔评定原则，翻皮评定原则，白点评定原则，轴心晶间裂缝评定原则，非金属夹杂物（目视可见）及夹渣评定原则。

3. 断口检验

断口检验能够发现钢本身的冶炼缺陷和热加工、热处理等制造工艺中存在的问题，是宏观检验中常用的一种方法，是反映产品质量极为重要的手段之一。

（1）**断口检验的优点**

对于使用过程中破损的零件和在生产制造过程中由于某种原因而导致破损的断口，以及做拉力、冲击试验试样破断之后的断口，无需任何加工试样，就可直接进行观察和检验。

（2）**断口试样制备方法**

对于钢材中的偏析、非金属夹杂物以及白点等缺陷，应尽可能选取纵向断口；对于钢材直径或边长大于 40mm 的钢材应作纵向断口，对于钢材直径或边长小于 40mm 的钢材应作横向断口。纵横断口制备示意图如图 4-3 所示。

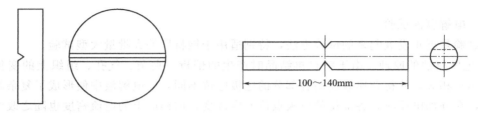

(a) 直径大于40mm的钢材　　　　　　　　(b) 直径小于40mm的钢材

图 4-3　纵横断口制备示意

（3）钢材断口的分类及各种缺陷形态的识别

钢材断口的分类及各种缺陷形态的识别按照国家标准 GB/T 1814—1979《钢材断口检验法》，该标准适用于结构钢、滚珠钢、工具钢及弹簧钢的热轧、锻造，冷拉条钢和钢坯。其他钢类作断口检验时可参考该标准。

纤维状断口：又称韧性断口，此类断口呈纤维状，无金属光泽，颜色发暗，看不到结晶颗粒，断口边缘有明显的塑性变形，如图 4-4 所示。

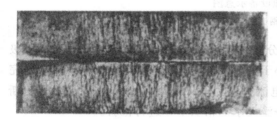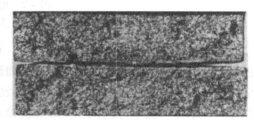

图 4-4　纤维状断口　　　　　　　　　　　　图 4-5　结晶状断口

结晶状断口：此类断口常出现在热轧或退火的钢材中，端面平整，呈银灰色，具有强烈的金属光泽，有明显的结晶颗粒，属于脆性断口，如图 4-5 所示。

层状断口：特征是在纵向断口上，沿热加工方向呈现出无金属光泽的、凹凸不平的、层状起伏的条带，条带中伴有白亮或灰色的线条，类似于劈裂的木纹状，如图 4-6、图 4-7 所示。

图 4-6　淬火状态的层状断口　　　　　　　　图 4-7　调制状态的层状断口

白点断口：断口上呈圆形或椭圆形的银白色斑点，斑点区域内的晶粒一般要比基体晶粒粗，有时会呈鸭嘴形裂口，尺寸由几纳米到几十纳米甚至 100mm 以上，一般分布于偏析区。它是由钢中氢和内应力共同作用造成的，如图 4-8 所示。

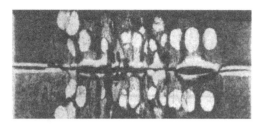

图 4-8　白点断口

图 4-9　缩孔残余断口

缩孔残余断口：在纵向的轴心区，呈非结晶构造的条带或疏松带，有时会伴有非金属夹杂或夹渣，淬火后试样沿着条带有氧化色，如图 4-9 所示。

气泡断口：沿着热加工方向呈内壁光滑、非结晶的细长条带。分为皮下气泡断口和内部气泡断口，如图 4-10 所示。

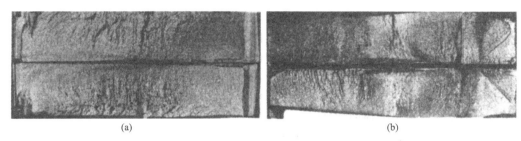

(a)　　　　　　　　　　　　　　　(b)

图 4-10　皮下气泡（a）和内部（b）气泡断口

非金属夹杂物（目视可见）及夹渣断口：在纵向断口上呈现不同颜色（灰、浅黄、黄绿色等）、非结晶的细条带或块状缺陷，如图 4-11 所示。

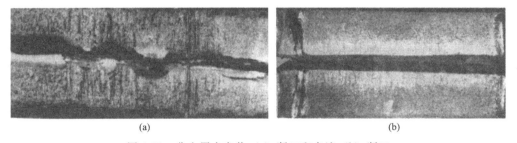

(a)　　　　　　　　　　　　　　　(b)

图 4-11　非金属夹杂物（a）断口和夹渣（b）断口

黑脆断口：在断口上呈现局部或全部的黑灰色，严重时可看到石墨颗粒。主要是由于钢中发生石墨化造成的，一般出现在多次退火后共析钢和过共析碳素工具钢，或含硅的弹簧钢中，如图 4-12 所示。

图 4-12　黑脆断口

　　石状断口：断口无金属光泽、浅灰色、有棱角、类似碎石块状。轻微时有少数几个，严重时可布满整个断口，如图4-13所示。

图4-13　石状断口

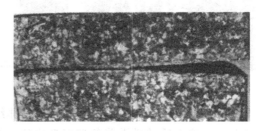

图4-14　萘状断口

　　萘状断口：断口上有弱金属光泽的两点或小平面，由于各个晶粒位向不同，闪耀着萘晶体般的光泽，如图4-14所示。

　　瓷状断口：是一种具有绸缎光泽、致密、类似细瓷片的亮灰色断口。此种断口常出现在过共析和某些合金钢经过淬火或者淬火后低温回火后的钢坯上。

　　台状断口：是在纵向断口上，呈比基体颜色略浅、变形能力稍差、宽窄不同、较为平坦的片状（平台状）结构，多分布在偏析区内；一般产生在树枝晶发达的钢锭头部和中部，是钢沿粗大树枝晶断裂的结果。此种缺陷对纵向机械性能无影响；横向塑、切性略有降低，当台状富集夹杂时，明显降低横向塑性。

　　撕痕状断口：是在纵向断口上，沿热加工方向呈灰白色的、变形能力较差的、致密而光滑的条带。其分布无一定规律，严重时布满整个断面；可产生在整个钢锭中，一般在钢锭尾部较重，头部较轻；尾部的条带多表现为细而密集，头部的则较宽。它是钢中残余铝过多，造成氮化铝沿铸造晶界析出，沿此断裂造成的。轻微的撕痕状对机械性能影响不明显，严重时，明显降低横向塑、韧性，也使纵向韧性有所降低。

　　内裂断口：常见的内裂分为"锻裂"与"冷裂"两种。"锻裂"的特征是光洁的平面或裂缝。"冷裂"的特征是与基体有明显分界的、颜色稍浅的平面与裂缝。每个平面较为平整，清晰可见平行于加工方向的条带。经过热处理或酸洗的试样可能有氧化色。内裂断口产生于轴心附近部位的居多。"锻裂"产生的原因是热加工温度过低，内外温差过大，热加工压力过大，变形不合理等；"冷裂"是由于锻轧后冷却速度太快，组织应力与热应力叠加造成的。它属于严重地破坏金属连续性的缺陷。

　　异金属夹杂断口：是在纵向断口上，表现为与基体金属有明显的边界、不同的变形能力、不同的金属光泽和组织的条带，条带边界有时有氧化现象。此种缺陷是异金属掉入，合金料未完全熔化等原因造成的。它属于破坏金属的组织均匀性或连续性的缺陷。

　　4. 塔形试验

　　塔形试验是将钢材制成不同直径的阶梯形试样，用酸蚀或磁力探伤方法检验钢中发纹情况的方法。检验方法按照国家标准GB/T 1012—1988《塔形发纹磁粉检验法》以及GB/T 15711—1995《钢材塔形发纹酸浸检验方法》。

　　发纹是钢内夹杂物、气孔、疏松和孔隙等在热加工过程中沿加工方向伸展排列而成的线状缺陷，主要分布在偏析区。

　　（1）试样的选取与制备

　　采用塔形试样；在冷状态下用机械方法切取，若用气割或热切等方法切取，应去除热影响区；表面粗糙度 $R_a \leqslant 1.6$。塔形试样尺寸如表 4-3 所示。

表 4-3　塔形试样尺寸

各阶梯尺寸 d_i	长度/mm
0.90D	50
0.75D	50
0.60D	50

注：D—圆钢直径、方钢边长或扁钢厚度。

（2）操作方法

试样表面酸蚀按 GB/T 226—1991 的规定。对发纹的鉴别按照如下原则：发纹应在表面上呈狭窄而深的细缝，在 10× 放大镜下观察不到缝的"底部"，缝的两端尖锐，如图 4-15 所示。

三、实验仪器及材料

1. 实验仪器

酸蚀槽，加热器，电热吹风，上光机，电解槽。

2. 实验材料

定影液，硫印试样，各种断口试样，阶梯形试样等。

四、实验内容及步骤

1. 了解钢的宏观检验技术。

2. 进行硫印实验，分析钢中硫元素的分布。

3. 进行冷、热酸蚀试验。

4. 观察宏观断口的形态特征。

5. 进行塔形试验，分析缺陷的分布。

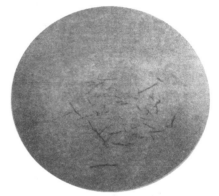

图 4-15　发纹形貌（10×）

五、实验报告及要求

1. 写出实验目的。

2. 分析硫印实验的原理与应用。

3. 分析冷热酸蚀实验的不同和应用。

4. 分析断口检验的优缺点。

5. 分析塔形试验的应用。

六、思考题

1. 简述宏观检验的基本内容。

2. 什么是酸蚀试验？什么是硫印试验？

3. 大件试样的硫印试验应怎样进行？

4. 宏观断口的分类。

5. 什么是结晶状断口、层状断口和白点断口？

6. 按什么标准评定酸蚀宏观缺陷？

7. 冷酸蚀与热酸蚀试验有什么区别？

实验五　金属平均晶粒度的测定

金属材料的晶粒大小称为晶粒度，评定晶粒大小的方法称为晶粒度的测定。金属及合金的晶粒大小与金属材料的力学性能、工艺性能及物理性能有着密切的关系。晶粒细小的金属材料的力学性能、工艺性能均比较好，强度和韧性都比较高，且易于加工，在淬火时不易变形和开裂。晶粒粗大的金属材料的力学性能、工艺性能均比较差，强度低，韧性差，不易加工，在淬火时易变形、弯曲甚至开裂。

一、实验目的及要求

1. 掌握常见钢铁及有色金属材料的晶粒度显示方法。
2. 掌握常见钢铁及有色金属材料的晶粒度测定方法。
3. 掌握用比较法及面积法评定奥氏体晶粒度的方法。

二、实验原理

1、试样的制备

测定晶粒度的试样应在原材料（交货状态）截取，数量及取样部位按标准技术条件规定尺寸：

圆形：$\phi 10\sim12mm$

方形：$10\times10mm$

注意：试样不允许重复热处理。渗碳处理的钢材试样应去除脱碳层和氧化皮。

2. 钢的奥氏体晶粒度

由 $Fe-Fe_3C$ 相图可知，温度在 A_1 以下钢的平衡组织为铁素体和渗碳体，当温度超过 A_1（对共析钢）或 A_3（对亚共析钢）或 A_{cm}（对过共析钢）以上，钢的组织为单相奥氏体组织。奥氏体晶粒大小是评定钢加热时质量的重要标准之一，对钢的冷却转变产物的组织和性能都有十分重要的影响。

钢中奥氏体晶粒度有三种。

① 奥氏体起始晶粒度　钢在奥氏体转变刚刚完成，其晶粒边界刚刚相互接触时的奥氏体晶粒大小称为奥氏体的起始晶粒度。一般起始晶粒度比较细小、均匀。

② 奥氏体本质晶粒度　钢材加热到临界点 A_{c3} 以上某一规定温度（930℃±10℃），并保温一定时间（一般 3h，渗碳则需 6h）后所具有的奥氏体晶粒大小称为奥氏体本质晶粒度。它表示了钢中奥氏体晶粒在规定温度下的长大倾向，取决于具体的加热温度和保温时间。凡随着奥氏体化温度升高，奥氏体晶粒迅速长大的称为本质粗晶粒钢。相反，随着奥氏体化温度升高，在 930℃ 以下时，奥氏体晶粒长大速度缓慢的称为本质细晶粒钢。超过 930℃，本质细晶粒钢的奥氏体晶粒也可能迅速长大，有时其晶粒尺寸甚至会超过本质粗晶粒钢。钢的本质晶粒度与钢的脱氧方法和化学成分有关，一般用 Al 脱氧的钢为本质细晶粒钢，用 Mn、Si 脱氧的钢为本质粗晶粒钢。含有碳化物形成元素如 Ti、Zr、V、Nb、Mo、W 等元素的钢也属本质细晶粒钢。

③ 奥氏体实际晶粒度　钢在某一具体热处理加热条件下所获得的奥氏体晶粒大小称为奥氏体实际晶粒度。一般说来，在一定加热速度下，加热温度越高，保温时间越长，得到的实际奥氏体经理越粗大；在相同加热条件下，奥氏体的实际晶粒度则取决于钢材的本质晶粒

度。奥氏体实际晶粒度总比起始晶粒度大，实际晶粒度对钢热处理后获得的性能有直接的影响。细小的奥氏体晶粒可以使钢在冷却后获得细小的室温组织，从而具有优良的综合机械性能。

3. 影响奥氏体晶粒长大的因素

① 加热温度和保温时间　加热温度升高，原子扩散速度呈指数关系增大，奥氏体晶粒急剧长大。保温时间延长，奥氏体晶粒长大。

② 加热速度的影响　加热速度越大，奥氏体转变时的过热度也越大，奥氏体的实际形成温度也越高，起始晶粒度则越细。

③ 含碳量的影响　在一定含碳量范围内，随着碳含量的增加，奥氏体晶粒长大倾向增大，但当含碳量超过某一限度时，奥氏体晶粒反而变得细小。

④ 合金元素的影响　当钢中含有能形成难熔化合物的合金元素，如 Ti、Zr、V、Al、Nb、Ta 等时，会强烈阻止奥氏体晶粒长大，并使奥氏体粗化温度升高。Si、Ni、Cu 等合金元素不形成化合，影响不大。Mn、F、S、N 等元素溶入奥氏体后，削弱 γ-Fe 原子间的结合力，加速 Fe 原子的自扩散，能够促进奥氏体晶粒长大。

4. 晶粒度显示方法

（1）铁素体钢的奥氏体晶粒度

铁素体钢的奥氏体晶粒度可按下列方法显示：

① 渗碳法　渗碳钢来用渗碳法显示奥氏体晶粒度，见图 5-1 所示。渗碳的试样在 930℃±10℃保温 6h，必须保证获得 1mm 以上的渗碳层。渗碳剂必须保证在规定时间内产生过共析层。试样以缓慢速度冷至临界温度以下，足以在渗碳层的过共析区奥氏体晶界上析出渗碳体网试样冷却后经磨制及腐蚀显示出奥氏体品粒。腐蚀剂可选用质量分数为 5％苦味酸乙醇溶液，或碱性苦味酸沸腾溶液（2g 苦味酸、25g 氢氧化钠、100mL 水）。

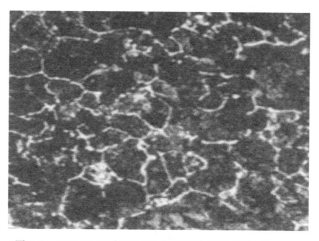

图 5-1　20CrMnTi 钢 930℃渗碳缓冷后的晶粒（500×）

② 网状铁素体法　适用于碳的质量分数在 0.25％～0.60％的碳钢，碳的质量分数在 0.25％～0.50％的合金钢，见图 5-2 所示；如没有特别规定，一般含碳量小于或等于 0.35％的试样在 900℃±10℃加热；含碳量大于 0.35％的试样在 860℃±10℃加热。保温时间至少 30min，然后空冷或水冷。在此范围内含碳量较高的碳钢和含碳量超过 0.4％的合金钢需要调整冷却方法，以便在奥氏体晶界上析出清晰的铁素体网。试样经磨制并用质量分数为 5％

苦味酸乙醇溶液腐蚀后显示原奥氏体晶界分布的铁素体网。

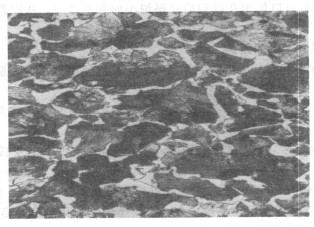

图 5-2 50 钢 860℃正火组织后的晶粒（500×）

③ 氧化法 适用于碳的质量分数在 0.35% ～0.60% 的碳钢和合金钢，将试样检验面预抛光，然后将抛光面朝上置于炉中。一般在 860℃±10℃下加热 1h 然后淬入水中。根据氧化情况，试样可适当倾斜 10°～15°磨制，显示出氧化物沿奥氏体晶界分布形貌，为显示清晰可用 15% 盐酸乙醇溶液（15%＋85%）腐蚀，见图 5-3 所示。

图 5-3 45 钢用氧化法显示晶粒度（500×）

④ 直接淬火法 对于直接淬火硬化钢，如没有特别规定，碳的质量分数小于或等于 0.35% 的试样，在 900℃＋10℃加热；含碳量大于 0.35% 的试样在 860℃＋10℃下加热，保温 1h 后快速冷却获得马氏体组织，磨制和腐蚀后显示出完全淬硬为马氏体的原奥氏体晶粒形貌，见图 5-4 所示。为清晰显示晶粒边界，试样可在 550℃±10℃下回火 1h，常用的腐蚀剂为饱和苦味酸水溶液加少量环氧乙烷聚合物。

⑤ 网状渗碳体法 对过共析钢可以在 820℃±10℃加热，保温 30min，以缓慢速度冷至低于下临界温度，使奥氏体晶界上析出渗碳体网。试样经磨制和侵蚀后，显示出晶界析出渗碳体网的原奥氏体晶粒形貌，见图 5-5 所示。试样腐蚀可用质量分数 5% 的苦味酸乙醇溶液。

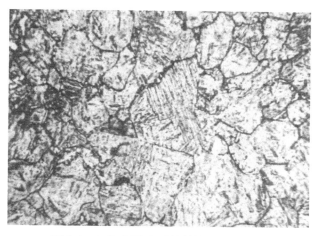

图 5-4　40Cr 钢淬火后的晶粒度（500×）

图 5-5　T10 钢缓冷析出渗碳体网显示晶粒度（200×）

　　⑥ 网状托氏体法　对使用其他方法不易显示的共析钢，可选取适当尺寸的棒状试样，进行不完全淬火。即将加热后的试样一端淬入水中冷却，因此存在一个不完全淬硬的小区域。在此区域内原奥氏体晶界上将有少量团状托氏体呈网状，显示出原奥氏体晶粒形貌。此方法可用于共析成分稍高或稍低的某些钢种，见图 5-6 所示。腐蚀剂亦可用质量分数 5％的苦味酸乙醇溶液。

　　（2）奥氏体钢的晶粒度

　　一般奥氏体钢大部分是不锈钢或耐热钢，其组织如图 5-7 所示。对于这些材料基本上可采用下列两种方法显示。

　　① 化学试剂显示法　用 20mL 盐酸＋20mL 水＋5g 硫酸铜可清晰地显示奥氏体的奥氏体晶粒，或用王水溶液也可显示奥氏体晶粒。

　　② 电解腐蚀显示法　用质量分数 10％的草酸水溶液电解，阴极用不锈钢，阳极接试样，在室温下采用 2V 左右电压，时间 1～2min，奥氏体晶粒显示相当清晰。

　　5. 晶粒边界腐蚀法

　　对于某些材料使用以上方法难于直接显示其热处理后的晶粒度，如 20CrMnTi 钢，可以

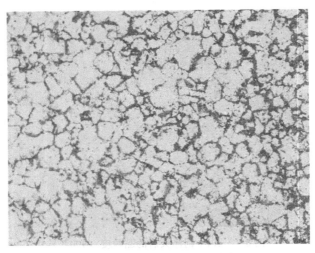

图 5-6　T8 钢网状托氏体法显示晶粒度（100×）

图 5-7　奥氏体不锈钢的组织（100×）

考虑使用晶粒边界腐蚀法来显示其晶粒度的大小。晶粒边界腐蚀法又称直接腐蚀法，主要是采用具有强烈选择性腐蚀倾向的腐蚀剂，在抑制晶内马氏体、贝氏体或其他淬火、回火组织显示的同时，使原始奥氏体晶界变黑而基体组织不腐蚀或腐蚀轻微，从而显现奥氏体晶粒度。此法设备简单，操作方便，结果真实，复现性好，同时它也能根据结构钢的实际使用情况测定不同温度（不一定 930℃）和不同时间（不一定 3h）下的奥氏体晶粒度。此法的关键在于采用适当的腐蚀剂及掌握正确的腐蚀操作工艺。

（1）腐蚀剂

常用显示奥氏体晶界的试剂有：苦味酸乙醚类、苦味酸丙酮类、苦味酸酒精类和苦味酸水溶液类四大类。在这四类腐蚀剂中，加有表面活性剂的苦味酸水溶液配制简单，操作方便，适用范围广，最为常用。如用 25mL 饱和苦味酸蒸馏水溶液加数滴海鸥洗涤剂和少量新洁尔灭（5%），在 60℃ 左右擦拭碳钢或低合金钢的淬火或回火试样，可直接显示奥氏体晶界。

（2）腐蚀液的正确配制和使用

①腐蚀液配制不当，不但严重影响显示效果（包括试面不清洁，出现腐蚀坑，以至不能显现奥氏体晶粒度），而且有时还会造成假象。如使用加有烷基磺酸钠的饱和苦味酸水溶液，若配制不当，对试样表面浸润不好时，在表面张力作用下，溶液在试面上干涸收缩成一层膜，在显微镜下很像晶粒形态，形成所谓"假晶粒"。因此，使用这种腐蚀液时应特别注意区分"假晶粒"。

②在苦味酸水溶液腐蚀液中表面活性剂的加入量要适量，不足或过多均显示不出奥氏体晶界。钢种不同，表面活性剂含量的合适范围也不相同。如用 100mL 60℃ 的饱和苦味酸水溶液，侵蚀 12CrNi3 钢时，加入洗衣粉量可达 0.5～1.6g；侵蚀 38CrMoAlA 和 40CrNiMoA 钢时，则仅需 0.5～1g；而对于 30CrMnSiA、18CrNiWA 钢等，当加入 0.8g 时即易起膜，减少到 0.3～0.5g，侵蚀时只需稍加摇动试样即可清晰显示奥氏体晶界。

③加海鸥洗涤剂的腐蚀液采用蒸馏水溶液比水溶液效果好。如图 5-8 所示，20CrMnTi 钢在 930℃ 淬火，270℃ 回火后使用苦味酸水溶液＋海鸥洗涤剂的腐蚀液侵蚀后可以清晰显示其晶粒度。

图 5-8　20CrMnTi 钢淬火回火后的
晶粒度 5.5 级（200×）

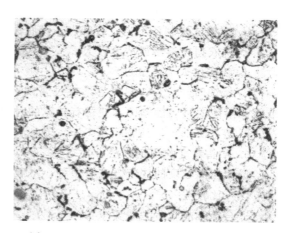

图 5-9　20CrMnTi 钢用苦味酸水溶液＋海鸥
洗涤剂的腐蚀液侵蚀后的小圆蚀坑（500×）

④在含有表面活性剂的饱和苦味酸水溶液中，再加入适量的新洁尔灭，则不但使腐蚀作用缓和从而使操作易于控制，而且能增加腐蚀剂的显示效果：抑制晶内组织、清洁试面。例如，在 25mL 饱和苦味酸蒸馏水溶液中加 25 滴以上海鸥洗涤剂时晶界显现受到抑制，但加入适量（几到几十滴）5％新洁尔灭时晶界呈现效果又获改善，且对于含 V、B 的钢种也能清晰显示其奥氏体晶界。随新洁尔灭加入量的增加，腐蚀时间略有延长。但加入太多，则试样表面会生成许多小圆蚀坑，见图 5-9 所示。

⑤除少数腐蚀液配制后需经一段时间的搁置外，一般均希望配后随时使用，不宜久存（B 类腐蚀液除外）。对于加洗衣粉的饱和苦味酸水溶液，100mL 可腐蚀 20mm×20mm×10mm 的试样约 15 个。随着使用次数增多，溶液逐渐变成棕黑色，直至混浊，沉淀增多而报废。对于加海鸥洗涤剂的腐蚀液，100mL 可腐蚀上述试样约 10 个，溶液于使用中逐渐变黑绿色，沉淀增多而报废。

（3）腐蚀方法及操作

①一般采用侵蚀法，也可采用擦拭法腐蚀。当有腐蚀产物附于试样表面时，可使用酒

精棉花擦洗或使用 NaOH 水溶液洗涤。之后，试样经清水冲洗，最后滴上酒精吹干。对于经回火的试样或底板较深的试样，一般反复轻微腐蚀二至三次，可使奥氏体晶界更完整清晰。

② 对于加表面活性剂的苦味酸水溶液类腐蚀液，具体的腐蚀时间可根据钢种而定。表面活性剂的加入量可根据苦味酸浓度、温度及溶液的陈旧程度而定。一般在适当的范围内，表面活性剂加入量多，溶液浓度越大，温度越高，则腐蚀时间相应缩短。钢中合金元素含量多，则要求腐蚀液的浓度较大，强度较高，时间较长。当合金元素含量低，淬透性低，甚至有中间转变产物时，腐蚀温度要相应降低，时间缩短。

③ 腐蚀好的试样表面具有发亮的金属光泽，存在一层极薄的膜。钢中的偏析带（横向试样）或树枝状组织（纵向试样）可清晰显示。淬火回火的试样表面易附着一层不溶于水的浅黑色腐蚀产物，呈灰白色，偏析的树枝状组织仍清晰可见。这种偏析带或树枝状组织可能造成明暗条纹，影响衬度，但不影响晶粒度的评测。

④ 试样上出现蚀坑，其可能的原因为：

a. 有苦味酸结晶沉淀（配制时溶液温度高，苦味酸过饱和）；

b. 金相试样制备不当，有麻点，经腐蚀使之扩大成坑；

c. 洗衣粉未溶解或浓度较大；

d. 新洁尔灭加入量过多；

e. 侵蚀时间过长，沿晶界形成过腐蚀区，呈多边形分布，加入适量新洁尔灭也可改善或缓和溶液的过腐蚀倾向，使之有较宽的时间范围；

f. 溶液陈旧，沉淀物较多。

6. A 晶粒度的测定方法

奥氏体晶粒度的测定方法有多种，一般常用三种：

（1）比较法

适合等轴晶粒。一般要求：

① 放大 100×；

② 视场直径 0.8mm；

③ 选择 3～5 个有代表的视场；

④ 90% 的晶粒和标准图相似；

⑤ 若发现视场中晶粒不均匀时，应全面观察，属于个别现象不予计算，如较为普遍，则分别评定，如 6 级 70%～4 级 30%；

⑥ 评定时若出现晶粒大于 1 级，小于 8 级时，可不在 100× 下进行，可增大或缩小放大倍数再换算成 100×，如：

放大 50×，晶粒度为 2 级，

$$2-\frac{100}{50}=0 \text{ 级，}$$

则在 100× 下为 0 级。

放大 400×，晶粒度为 5 级，

$$5+\frac{400}{100}=9 \text{ 级，}$$

则在 100× 下为 9 级。

换算公式：$<100\times$：A 晶粒度＝标准晶粒度－$\dfrac{100}{\text{放大倍数}}$

$>100\times$：A 晶粒度＝标准晶粒度＋$\dfrac{\text{放大倍数}}{100}$

（2）直线截点法

特点是精度高，要求：

① 每一小格刻度值

$100\times$：0.01mm；$500\times$：0.0020mm

② 选择适当的放大倍数，画出数条直线，保证 50 个截点。

③ 数出每条直线上的截点数。

④ 利用公式来求平均截距

$$\tau=\frac{L}{M\cdot N}\text{（用于金相照片）}$$

$$\tau=\frac{L}{N}\text{（用于金相显微镜下测量）}$$

式中，L 为所使用的测量网格长度，mm；N 为测量网格上的晶粒数目；τ 为检验面上晶粒截面间距的平均值。

⑤ 根据 τ 值查表，求出 A 的晶粒度。

公式：$G=-3.2877+6.6439\lg\left(\dfrac{M\cdot N}{L}\right)$

⑥ 如图 5-10 所示，数截点时，应注意以下几点：

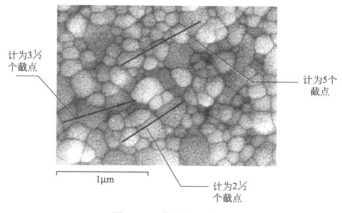

图 5-10 截点法示意图

终端点正好接触到晶界时，应计为 1/2 个截点，测量线终点不是截点不予计算；

测量线与晶界相切时，应计为 1 个截点；

测量线明显与三个晶粒的汇合点重合时应计为 1½ 个截点；

如果是不规则的晶粒，测量线会在同一个晶粒边界不同部位产生两个截点后又深入形成新的截点，计算截点时应包括新的截点；

为获得合理的平均值，应选择 3～5 个视场，若精度不够时，应增加附加视场。

7. 晶粒度报告

铁素体钢除渗碳法显示 A 晶粒度外，其他方法报告内容如下：

① 处理温度及时间；

② 晶粒度显示方法；

③ 晶粒度级别。

三、实验仪器及材料

1. 实验仪器

数码金相显微镜，金相摄影软件。

2. 实验材料

20CrMnTi 钢、45 钢、40Cr 钢、50 钢、6Cr4Mo3Ni2WV 钢、T12 钢、不锈钢、耐热钢、ZGMn13、纯铜、Cr12 钢、高速钢等。

四、实验内容及步骤

1. 观察常见铁素体奥氏体钢晶粒度的组织。

2. 根据标准评定材料的晶粒度级别。

3. 绘制出常见材料晶粒度组织示意图，并注明材料、状态、放大倍数及晶粒度级别。

五、实验报告及要求

1. 写出实验目的。

2. 分析并判断亚共析碳钢退火态晶粒度的测定方法。

3. 分析碳钢晶粒度的显示和测量方法。

4. 画出碳钢退火法、正火法、渗碳法、淬火法、托氏体法显示的晶粒度。

5. 画出 ZGMn13 水韧处理后、18-8 钢固溶后、W18Cr4V 钢淬火后的组织及判断晶粒度级别。

六、思考题

1. 铁素体奥氏体钢晶粒度的显示方法？

2. 晶粒度测定方法有哪几种？各有何特点？

实验六 偏光、暗场在金相分析中的应用

暗场照明和偏振光照明是金相分析方面应掌握的一种基本的分析手段，它们主要应用在一些组织、晶粒的鉴别，晶粒取向，形变织构的研究，特别是在非金属夹杂物的研究分析方面使用较广。

一、实验目的及要求

1. 了解偏振光和暗场的基本原理。

2. 学会偏振光和暗场的操作方法和分析方法。

3. 了解偏振光和暗场在钢中非金属夹杂物分析及多相合金的组织鉴别方面的应用。

二、实验原理

1. 暗场照明在金相分析中的应用

（1）暗场与明场照明的区别

明场照明：入射光束通过物镜垂直照射到试样表面，反射光进入物镜成像。

暗场照明：入射光束绕过物镜，以极大的角度斜射到试样表面，散射光（漫射光）进入物镜成像。这样的光束是靠暗场折光反射镜和环形反射镜获得，其光路图见图 6-1 所示。图 6-2 示意了钢中非金属夹杂物在明场和暗场照明的不同。

（2）暗场的操作

使用暗场照明时的步骤如下。

① 孔径光阑、视场光阑都要开大。

② 将暗场遮光反射镜插入光路。入射光中插入暗场遮光反射镜后，使入射光变成环形光环。

③ 将暗场聚光镜套在物镜外面。入射光环不通过物镜，而经暗场聚光镜反射之后，以极大的倾斜角照射到试样表面，实现倾斜光照明。

④ 要将光路中明场用的平面半反射镜拉出来，它已不起作用。这样，使入射光不能进入物镜，提高了成像质量。暗场环形反射镜已固定在光路里，将暗场遮光反射镜造成的环形光束反射到置于外面的"暗场聚光镜"表面上，然后以极大的倾斜角反射到试样表面上。

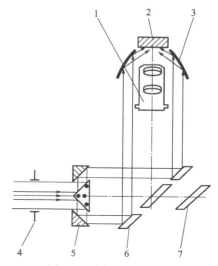

图 6-1　暗场照明光路图

1—物镜；2—试样；3—抛物型反射镜；4—光阑；5—棱镜；6,7—平面半镀铝反射镜

(a) 明场照明　　　　　　　(b) 暗场照明

图 6-2　金属中非金属夹杂物照片（500×）

倾斜光照射到试样表面平坦部位反射光会以相同的角度反射回去，这部分反射光不能到达物镜，视场内是暗黑的。而使光线产生漫反射的凹凸处、透明夹杂物处等，因漫反射使部分光线可到达物镜，在视场内观察到是明亮的，因此形成在暗黑的基体上有部分明亮的映像。因此称这种照明方式为暗场照明。

(3) 暗场照明的特点及应用

① 暗场照明提高了显微镜的实际分辨能力和衬度　暗场采用倾斜光照明，充分利用了物镜的孔径角，而且暗色基体衬度好，实际的分辨能力提高了。

如珠光体组织，在明场观察时，有许多珠光体领域由于细密使物镜分辨不清的片层；而转换成暗场照明，同一部位的片层状清晰可见，这说明暗场下，物镜的实际分辨能力提高了。如图 6-3 所示，钢基体等离子喷涂镍铬涂层在明场和暗场照明的不同，在暗场下涂层的层叠状结构更明显。

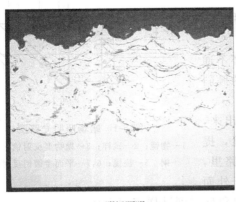

(a) 明场照明　　　　　　　　　　　　　　(b) 暗场照明

图 6-3　钢基体等离子喷涂镍铬涂层（200×）

另外，钢中有许多超显微的粒子，明场时无法辨认，有的可见隐约小点。但若用暗场照明，由于消除了叠加在这些微粒散射光成像的亮背景，从而加强了这些粒子衍射像的衬度，可看到在暗黑的基体上分布着很多小亮点，有的还呈现出各种色彩，使小质点清晰可辨。就像晚上可看到星星一样，我们虽不能分辨这些粒子的细节，却可察觉到这些微粒子的存在。

② 鉴别钢中的夹杂物和固有色彩　明场观察时，金属基体反射光很强，夹杂物处的反射光或漫射光或汇合，其固有色彩被掩盖。暗场照明，透明、半透明夹杂物由于内反射的结果，在暗场下是明亮的，同时还可以观察到它的固有色彩。一般情况下，暗场下越明亮，其透明度越好。如 Al_2O_3 等氧化物。明场下为暗黑色，暗场为白亮色，说明其透明度很好，色彩也呈现出来了。不透明的夹杂物，在暗场下呈暗黑色，某些不透明的夹杂物，由于与基体的硬度相差很大，使边缘有凹凸，暗场下其边缘有亮线。例如硫化物，不透明，暗场下呈暗黑色，有时边缘有亮线包围。

判断夹杂物的透明亮和固有色彩，是暗场照明的重要用途。

③ 可用于定性分析　暗场照明可以粗略地估算夹杂物的类型及所含元素的种类，故对非金属夹杂物可以做定性分析。

(4) 暗场照明的试样准备

做暗场观察时，对试样要求很高，否则会扰乱观察，影响判断。首先，观察夹杂物的试样，夹杂物不能脱落，要保持完好。另外，要尽量避免一些试样制备缺陷，如扰乱层、划痕、锈迹、水迹等。因此，制备试样时，要注意以下几点：

① 观察夹杂物的试样要经淬火-回火处理；

② 研磨材料要锋利，抛光最好选用金刚石抛光粉；

③ 处理试样要干净，避免反复操作。

2. 偏振光照明在金相分析中的应用

（1）基本原理

偏振光金相分析的基本原理是：借助于偏振光，利用各项组织的光学性质的差异（光学的各向同性、各向异性、透明度等）从而提高衬

度，以鉴别组织。如图 6-4 中显示出罗马时代的熟
铁钉中不同取向的铁素体晶粒、铁素体内的滑移
带孪晶［又称纽曼（Neumann）带］以及深棕红
色条状炉渣（中部垂直向上偏右方向）。

① 偏振光　光是一种电磁波，自然光的光振
动是各个方向的，都垂直于传播方向，如果使光
的振动局限在一个方向上，其他方向的光振动被
大大消减或被吸收，这种光称为"线偏振光"，也
称"全偏振光"，简称偏振光。

② 起偏镜　产生偏振光的偏光镜叫起偏镜。

图 6-4　罗马时代熟铁铁钉在
偏振光下的组织（200×）

起偏镜多用尼科尔棱镜或人造偏振片制作。

③ 检偏镜　为了分辨光的偏振状态，在起偏镜后面加入同样一个偏光镜，它能鉴别起
偏镜造成的偏振光。

当起偏镜和检偏镜互相平行，透过的光线最多，视场最亮。当起偏镜和检偏镜互相垂
直，处在正交位置时，线偏振光不能通过，产生消光现象，视场最暗。

（2）操作

用金相显微镜做偏光观察时，需做起偏镜位置、检偏镜位置和载物台中心位置的调整。

① 起偏镜置于光线进入物镜之前，调整的目的是使经过偏镜获得的直线偏振光的偏振
面呈水平。这样可保证从垂直照明器反射进入物镜的光线强度最大，并能保证到达试样表面
的仍为线偏振光。大多数显微镜的起偏镜位置是固定的，使用时，将起偏镜旋入光路中
即可。

② 检偏镜置于样品反射光之后。检偏镜可以选装，可以和起偏镜做任何角度的调整，
从互相平行到互相垂直。互相平行，可做明场观察。从目镜中观察到最暗的消光现象时，就
是起偏镜与检偏镜互相垂直，可做偏光观察。

③ 调整载物台的机械中心，使载物台的机械中心与显微镜的光学中心重合，载物台旋
转 360°，被观察物仍停留在视场内。

④ 光源、孔径光阑、视场光阑开大。

（3）偏振片在金相分析方面的应用

① 偏振光在各向异性金属磨面上的反射　在正交偏振光下观察各向异性晶体。因光学
各向异性金属在金相磨面上呈现的各颗晶粒的位向不同，即各晶粒的"光轴"位置不同，使
各晶粒的反射偏振光的偏振面旋转的角度不同，通过检偏镜后，便可在目镜中观察到具有不
同亮度的晶粒衬度。转动载物台，相当于改变了偏振方向与光轴的夹角。旋转载物台 360°，
视场中可观察到四次明亮、四次暗黑的变化。这就是各向异性晶体在正交偏振光下的偏光
效应。

如纯锌具有六方结构，是光学各向异性金属。试样经过磨制、抛光，不需侵蚀到显微镜下观察：在正交偏光下，可看到各个晶粒亮度不同，表征各晶粒位向的差别，晶内有针状的孪晶，颜色总于它所在的晶粒不同，说明其位向不同；转动载物台，会看到每个晶粒的亮度都在变化，旋转载物台 360°每个晶粒都会发生四次明暗变化，非常清晰，衬度好。

球铁中的石墨（属六方晶系）：明场下，石墨是灰色的；在正交偏光下，石墨球明暗不同且呈放射状，转动载物台，石墨各处的亮度都在变化，盯住一处，可看到四次明暗变化。说明石墨是各向异性晶体。从图 6-5 中可看出在同一颗球状石墨上显示出不同的亮度，表征石墨球呈多晶结构。

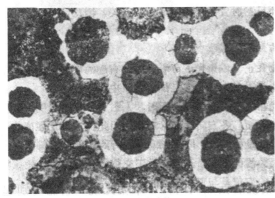

(a) 明场照明　　　　　　　　　　　　　　(b) 偏振光照明

图 6-5　球墨铸铁在偏振光下的金相组织（表示石墨是一个多晶体）（100×）

② 偏振光在各向同性金属磨面上的反射　　各向同性金属在正交偏光下观察时，由于其各方向光学性质是一致的，不能使反射光的偏振面旋转，直线偏振光垂直入射到各向同性金属磨面上，因其反射光仍为直线偏振光，被与之正交的检偏镜所阻，因此反射偏振光不能通过检偏镜，视场暗黑，呈现消光现象。旋转载物台，也没有明暗变化。这就是各向同性金属在正交偏光下的现象。

若在正交偏光下研究各向同性金属，需采用改变原晶体光学性质的特殊方法来实现。常用的有深侵蚀或表面进行阳极化处理。例如，采用阳极极化的方法，在纯铝表面形成一层各向异性的氧化膜，而膜的组成与下面的晶粒位向，形变织构等如图 6-6 所示。

③ 非金属夹杂物的偏光分析　　非金属夹杂物的正确判别，往往需要运用多种检测手段，才能得到正确的判断。其中，金相方法是最为简便和普遍的途径，居重要地位。通常在显微镜下利用明视场、暗视场、偏振光下的光学特性分析。以下是不同类型的夹杂物在正交偏振光下的光学特征。

a. 各向同性不透明夹杂物。各向同性不透明夹杂物的反射光仍为线偏振光，在正交偏振光下被消化呈暗黑色，旋转载物台，没有明暗变化，例如 MnS，FeO 即属此类。

b. 各向异性不透明夹杂物。各向异性不透明夹杂物在偏振光照射下将发生震动面的旋转，使反射偏振光与检偏镜改变正交位置。部分光线可通过检偏镜。旋转载物台 360°，可观察到四次或两次明暗变化。例如 FeS，石墨等。

c. 各向同性透明夹杂物。透明夹杂物在偏振光下易于观察。透明夹杂物被直线偏振光照射时，光线的一部分在夹杂物外表面反射，一部分向内折射，并在夹杂物与金属基体的界面处发生不规则的内反射，因而改变了入射光的偏振方向。使透过夹杂物后射向检偏镜的光

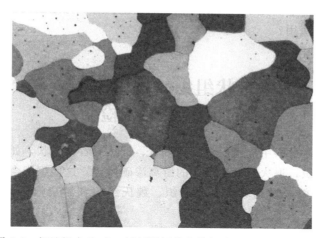

图 6-6 超纯铝在 Barker 试剂阳极化在偏振光下的组织 （200×）

线的一部分可以透过检偏镜，因而可以观察到夹杂物的亮度，同时也看到它们的固有色彩。但旋转载物台，其亮度不发生变化，证明其是各向同性的。很多常见的夹杂物都是此类。例如 Al_2O_3，MnO 等。MnO 为绿色。各向同性的透明夹杂物在偏光和暗场下观察到的颜色是一致的。

d. 各向异性透明夹杂物。各向异性透明及杂物，在正交偏光下，不仅能够看到它们的透明度和固有色彩，而且旋转载物台 360° 应有四次明暗变化，有的看到两次明显的明暗变化。例如 TiO 在正交偏振光下呈明亮的玫瑰红色，并可看到明暗变化。

三、实验仪器及材料

1. 实验仪器

XJG-01 型立式金相显微镜，XJG-02 型立式金相显微镜，XJG-05 型卧式金相显微镜，4XC 型金相显微镜，数码金相显微镜，金相摄影软件。

2. 实验材料

球铁试样，碳钢非金属夹杂物试样，纯锌试样。

四、实验内容及步骤

1. 熟练掌握暗场照明和偏光观察的操作方法。

2. 在正交偏振光下观察各向异性晶体，观察纯锌的晶粒及孪晶，观察球状石墨；旋转载物台 360° 观察它们的各向异性效应。

3. 在正交偏光下，观察非金属夹杂物的各向同性、各向异性效应，透明度和固有色彩。

五、实验报告及要求

1. 写出实验目的。

2. 写出明场观察、暗场观察和偏振光观察的步骤。

3. 分析纯锌的晶粒及孪晶，球墨铸铁中的石墨球，硫化物夹杂物在明场、暗场和偏振光下的不同相貌。

六、思考题

1. 暗场照明的优点是什么？

2. 暗场照明有何应用？

3. 偏光照明下，非金属夹杂物有何特征，若为透明球状夹杂正交偏光下有何效应？

4. 偏光照明有何应用？

实验七 钢中带状组织、魏氏组织、游离渗碳体的组织观察与检验

特定条件下，钢铁材料中的组织会呈现带状、针状或者颗粒状，如轧制后钢板的带状组织，正火后的魏氏组织，退火后低碳钢中的游离渗碳体等。这些组织会影响材料的性能，严重时会造成工件的失效，因此对于带状组织、魏氏组织和游离渗碳体的检验也是非常重要的。

一、实验目的及要求

1. 掌握钢中带状组织的观察与检验。

2. 掌握钢中魏氏组织的观察与检验。

3. 掌握钢中游离渗碳体的观察与检验。

二、实验原理

1. 带状组织的形成原因、危害及消除

经过完全退火的亚共析钢，它的显微组织由铁素体和珠光体组成。通常，铁素体与珠光体按钢的含碳量不同，按一定的比例以无规律的混合状态存在。然而，在实际的轧材中，与轧制方向平行的截面上往往会出现带状的铁素体和珠光体。这种组织在合金钢中最常见。铁素体和珠光体成带状出现的组织叫带状组织，也叫纤维组织。钢的带状组织由枝晶偏析引起的一次带状即原始带状，而固态相变产生的显微组织带状即二次带状，只有在一次带状的基础上才能形成二次带状。实际上，我们一般所观察到的带状组织系热加工后的冷却过程中高温奥氏体沿加工方向延伸的原始枝晶偏析基础上相变形成的二次带状，见图 7-1 所示。

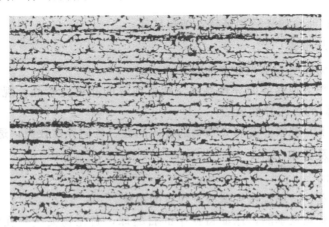

图 7-1　16Mn 钢轧制状态（100×）

带状组织的成因各不相同，但主要有以下两种原因。

① 由成分偏析引起　由于钢液在铸锭结晶过程中选择性结晶形成的化学成分呈不均匀分布的枝晶组织，铸锭中的粗大枝晶在轧制时沿变形方向被拉长，并逐渐与变形方向一致，

从而形成碳等元素的贫化带。当钢中含有硫等有害杂质时，由于硫化物凝固温度较低，凝固时多分布在枝晶间隙，压延时杂质沿压延方向伸长。钢中除 C 以外的合金元素和杂质元素的带状偏析，是形成带状组织的原因。理论研究认为，P 等元素提高铁素体的开始析出温度，Mn、Cr、Ni 等元素降低铁素体的开始析出温度。由于 P、Mn、Cr、Ni 等元素在冶炼后沿轧制方向上的带状偏析，铁素体和珠光体在后序相变时形成带状，产生带状组织。当钢材冷至 A_{r3}（冷却时奥氏体开始析出游离铁素体的温度）以下时，这些杂质就成为铁素体形核的核心使铁素体形态呈带状分布。当温度继续降低时，珠光体在余下的奥氏体区域中形成，也相应地成条状分布，形成了带状组织。成分偏析越严重，形成的带状组织也越严重。碳素钢带状组织的存在多数是由成分偏析引起。例如，若 P 元素成带状偏析，则在偏析区内铁素体的开始析出温度升高，铁素体首先在高 P 区成核长大。与此同时，C 元素被排挤到大部分尚处于奥氏体状态的偏析区外侧的低 P 区，在此区富聚而转变成珠光体组织。结果，高 P 区转变成带状铁素体，低 P 区转变为带状珠光体。同理，Mn、Cr、Ni 等元素降低铁素体的开始析出温度，其偏析区外侧的铁素体首先形核长大。C 元素被排挤到铁素体析出温度比较低的、大部分尚处于奥氏体状态的偏析区内，在该区内富聚并转变为带状珠光体。

② 由热加工温度不当引起　热加工停锻温度（在停锻时锻件的瞬时温度）于二相区时 $[A_{r1}$（冷却时奥氏体向珠光体转变的开始温度）和 A_{r3} 之间]，铁素体沿着金属流动方向从奥氏体中呈带状析出，尚未分解的奥氏体被割成带状，当冷却到 A_{r1} 时带状奥氏体转化为带状珠光体。

一般来说：带状组织使钢有明显的各向异性，在垂直于轧制方向（即垂直于带状组织方向）的伸长率 δ、断面收缩率 ψ 及冲击韧度 α_k 降低。带状组织对钢的屈服点 σ_s 和抗拉强度 σ_b 影响不大。

带状组织的消除方法：铸造过程中控制钢水过热度、电磁搅拌等方式从坯料源头减轻或避免带状组织；锻造过程中控制始锻和终锻温度、轧后冷却速度和方式来减少带状组织；锻后的带状组织可以用高温扩散退火后正火＋回火的方法消除或减轻。但是，锻件氧化严重，氧化皮较厚，热处理成本较高。

2. 魏氏组织的形成原因、危害及消除

当亚共析钢或者过共析钢在高温以较快的速度冷却时，先共析的铁素体或者渗碳体从奥氏体晶界上沿一定的晶面向晶内生长，呈针状析出。在光学显微镜下，先共析的铁素体或者渗碳体近似平行，呈羽毛或三角状，其间存在着珠光体组织，称为魏氏组织，见图 7-2 所

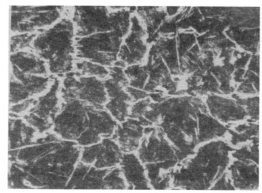 

(a) T12钢锻后正火　　　　　　　　　　　　　(b) 45钢正火

图 7-2　渗碳体魏氏组织与铁素体魏氏组织（100×）

示。生产中的魏氏组织大多为铁素体魏氏组织（常用 W_F 表示）。魏氏组织常在焊接件、锻造后淬火及热处理中出现。

W_F 的基本形态特征有三种：

① 沿原奥氏体晶界上形核并优先长大的晶界析出相，即沿晶界析出的网状铁素体。

② 由奥氏体晶界向晶内生长的针状铁素体魏氏组织，可分为一次魏氏铁素体针片和二次铁素体针片，见图 7-3 所示。

③ 等轴的块状铁素体。

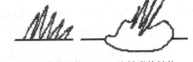

(a)一次铁素体针片　(b)二次铁素体针片

图 7-3　针状铁素体魏氏组织形成示意图

针状铁素体魏氏内往往有两种精细结构：一种是针内含有若干小块状亚晶，其取向有几度之差；另一种是针内有几条平行的亚针，亚针间的取向近乎平行。

魏氏组织形成一般有两个原因：一是热处理温度较高，导致奥氏体晶粒粗大；二是冷却速度较快。如果奥氏体晶粒异常粗大，即使不大的冷速也可能形成魏氏组织，这种组织的塑性和韧性比较差，并且大部分魏氏组织的产生是由于此；如果奥氏体晶粒不是特别粗大，冷速比较快的时候也可能形成魏氏组织，但这种魏氏组织不会有什么害处，有文献记载低级别魏氏组织能够增强材料的冲击韧性。

魏氏体的危害：在正火中不允许出现，由于其铁素体的形态有异于正常的等轴状，在最终热处理会有增大变形的倾向。

消除的措施要从产生的原因上着手，一是控制热处理加热温度，二是控制冷速。

3. 游离渗碳体的形成原因、危害及消除

低碳钢（如冷变形钢，是指可以在常温下用冲压或拉拔等冷变形的方法，以支撑某种机械零件或毛坯的钢材；分为冷冲压用钢和冷拉结构钢）在退火温度较高或者坯料热轧后缓慢冷却后在晶粒内或者晶界上出现的颗粒状碳化物。游离渗碳体有 A、B、C 三种类别。A 系列均匀分布，严重时趋于网状；B 系列呈点状或者细小粒状，严重时趋于链状；C 系列呈点状或者细小粒状，有变形方向取向，见图 7-4 所示。

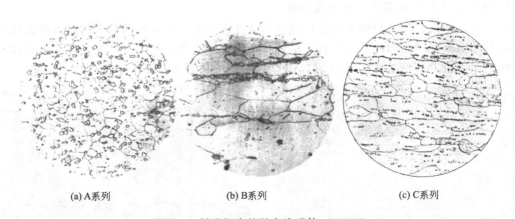

(a) A 系列　　　　　　　(b) B 系列　　　　　　　(c) C 系列

图 7-4　低碳钢中的游离渗碳体（100×）

一般认为：碳含量≤0.15％低碳退火钢板中的游离渗碳体主要是珠光体转变产物，其中也会有三次渗碳体的存在；而极低碳钢中的游离渗碳体就是三次渗碳体。

游离渗碳体的消除一般可以通过扩散退火消除。

4. 检验标准

主要的检验标准为 GBT-13299—1991《金相组织评级图及评定方法》。

进行钢的带状组织的评级时，要根据带状铁素体数量的增加，并考虑带状贯穿程度、连续性和变形铁素体晶粒多少的原则确定。按照钢的含碳量的不同分为 A、B、C 三个系列 6 个级别。

A 系列：含碳量小于或者等于 0.15％的钢的带状组织评级；

B 系列：含碳量 0.16％～0.30％的钢的带状组织评级；

C 系列：含碳量 0.31％～0.50％的钢的带状组织评级。

评定钢的魏氏组织时，要根据析出的针状铁素体数量、尺寸和由铁素体网确定的奥氏体晶粒大小的原则确定。按照钢的含碳量的不同分为 A、B 两个系列 6 个级别：

A 系列：含碳量 0.15％～0.30％的钢的魏氏组织评级；

B 系列：含碳量 0.31％～0.50％的钢的魏氏组织评级。

评定含碳量小于或者等于 0.15％低碳退火钢中的游离渗碳体时，要根据渗碳体的形状、分布及尺寸特征确定，分为 A、B、C 三个系列 6 个级别。

A 系列：级别较低时均匀分布，严重时呈网状；是根据形成晶界渗碳体网的原则确定，以及个别铁素体晶粒外围被渗碳体网包围部分的比例作为评定原则；

B 系列：一般呈链状；是根据游离渗碳体颗粒构成单层、多层不同长度链状和颗粒状尺寸的增大原则确定；

C 系列：呈一定的方向性；是根据均匀分布的点状渗碳体向不均匀的带状结构过渡的原则确定。

三、实验仪器及材料

1. 实验仪器

数码金相显微镜，金相摄影软件。

2. 实验材料

低碳钢带状组织试样、低碳钢游离渗碳体试样、碳钢魏氏组织试样。

四、实验内容及步骤

1. 分析低碳钢带状组织的形态、成因、危害及消除办法。
2. 分析低碳钢、高碳钢魏氏组织的形态、成因、危害及消除办法。
3. 分析低碳钢游离渗碳体的形态、成因、危害及消除办法。
4. 根据标准判断试样的带状组织、魏氏组织、游离渗碳体级别。

五、实验报告及要求

1. 写出实验目的。
2. 写出碳钢带状组织、魏氏组织、游离渗碳体的形态、成因、危害及消除办法。
3. 画出钢的带状组织、魏氏组织和游离渗碳体的组织形态，并根据国家标准判断级别。

六、思考题

1. 低碳钢中带状组织的形态与危害。
2. 碳钢魏氏组织的形态与危害。
3. 低碳钢游离渗碳体的形态与危害。

4. 评定以下组织（图 7-5～图 7-7）的级别。

图 7-5　28MnCr 钢轧制状态的带状组织（100×）

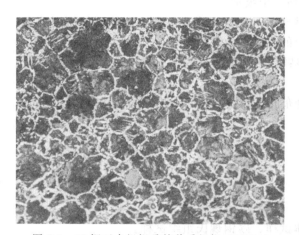

图 7-6　45 钢正火组织重的魏氏组织（100×）

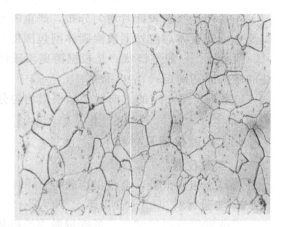

图 7-7　05 钢退火状态的游离渗碳体（100×）

实验八　非金属夹杂物的分析与评定

钢铁中的非金属夹杂物的出现是不可避免的。钢中非金属夹杂物的金相检验主要包括夹杂物类型的定性和定量评级。夹杂物的检验评定可按照 GB/T 10561—2005《钢中非金属夹杂物显微评定方法》执行。

一、实验目的及要求

1. 掌握钢中非金属夹杂物的分类与形态特征。

2. 掌握使用标准评定钢中非金属夹杂物的级别。

二、实验原理

1. 检验钢中的非金属夹杂物的必要性

非金属夹杂物破坏了金属基体的连续性、均匀性，易引起应力集中，造成机械性能下降，导致材料的早期破坏，其影响程度主要取决于夹杂物的形状、大小、分布和聚集状态。如图 8-1 所示，在断口中，显微裂纹沿夹杂物边界扩展。

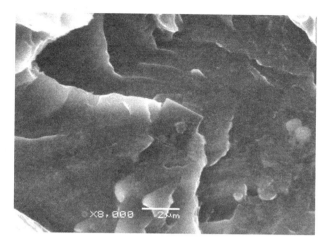

图 8-1　Q235 钢焊接件断口中的夹杂物

钢中夹杂物的检验一般在出厂前钢厂检验或者收货单位验收时检验。

2. 钢中非金属夹杂物的来源

① 内在的来源包括：铁矿石中存在的；钢厂在冶炼时，用 Si、Al 脱氧造成。反应式：

$$3FeO + 2Al \longrightarrow 3Fe + Al_2O_3$$

$$2FeO + Si \longrightarrow 2Fe + SiO_2$$

② 外部来源主要是在浇铸过程卷入的耐火材料、炉渣等。

3. 金相制样要求

① 取样时沿轧制方向，磨制纵向截面观察夹杂物大小、形状、数量，横向截面观察夹杂物从边缘到中心的分布。试样表面无划痕、无锈蚀点、无扰乱层。

② 淬火以提高试样的硬度，保留夹杂物的外形。

③ 试样表面不侵蚀。

4. 非金属夹杂物的分类

① 氧化物：FeO、MnO、Cr_2O_3、Al_2O_3。

② 硫化物：FeS、MnS 及其共晶体。

③ 硅酸盐：$2FeO \cdot SiO_2$、$2MnO \cdot SiO_2$。

④ 氮化物：TiN、VN。

⑤ 稀土夹杂物。

5. 非金属夹杂物的金相鉴别方法

主要是指利用光学显微镜中的明场、暗场和偏振光灯照明条件下夹杂物的光学反映差异，以及在标准试剂中腐蚀后，夹杂物发生化学反应而出现色差及侵蚀程度的不同来区分鉴别。

① 明场　检验夹杂物的数量、大小、形状、分布、抛光性和色彩。不透明夹杂物呈浅灰色或其他颜色，透明的夹杂物颜色较暗。

② 暗场　检验夹杂物的透明度、色彩。透明夹杂物发亮，不透明夹杂物呈暗黑色，有

时有亮边。

③ 偏光 检验夹杂物的各向同性和各向异性，色彩、黑十字现象。

金相法鉴定夹杂物的优点是简单直观，易与钢材的质量联系起来；缺点是不能确定夹杂物的成分和晶体结构。

6. 非金属夹杂物的特征

（1）硫化物

主要有硫化铁（FeS）和硫化锰（MnS），以及它们的共晶体等。在钢材中，硫化物常沿钢材伸长方向被拉长呈长条状或者纺锤形，塑韧性较好，见图 8-2 所示。在明场下，硫化铁呈淡黄色，硫化锰呈灰蓝色，而两者的共晶体为灰黄色；在暗场下一般不透明但有明显的界限，硫化锰稍呈灰绿色；在正交偏光下都不透明，转动载物台一周，硫化铁有四次明亮、四次消光，呈各向异性，硫化锰及其共晶体都为各向同性。

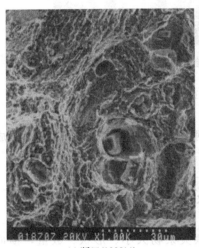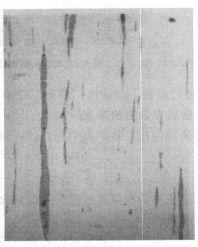

(a) 断口(1000×)　　　　　　　(b) 金相组织(400×)

图 8-2　钢中的硫化物夹杂物

（2）氧化物

常见氧化物有氧化亚铁（FeO）、氧化亚锰（MnO）、氧化铬（Cr_2O_3）、氧化铝（Al_2O_3）等。压力加工后，它们往往沿钢材延伸方向呈不规则的点状或细小碎块状聚集成带状分布。在明场下，它们大多呈灰色；在暗场下，Al_2O_3 透明，呈亮黄色；FeO 不透明，沿边界有薄薄的亮带；MnO 透明呈绿宝石色；Cr_2O_3 不透明，有很薄一层绿色。在偏光下，FeO、MnO 呈各向同性，Cr_2O_3、Al_2O_3 呈各异性。二氧化硅（SiO_2）也是常见的氧化物。在明场下呈球形，深灰色；在暗场下无色透明，在偏光下呈各向异性、透明，并称黑十字现象。图 8-3～图 8-6 为不同氧化物夹杂物的形态。

（3）硅酸盐夹杂物

来源于炼钢时加入 Si-Ca 脱氧剂或者与耐火砖发生作用。常见的硅酸盐夹杂物有铁橄榄石（$2FeO \cdot SiO_2$）、锰橄榄石（$2MnO \cdot SiO_2$）、复合铁锰硅酸盐（$nFe \cdot mMnO \cdot pSiO_2$）以及硅酸铝（$3Al_2O_3 \cdot 2SiO_2$）等。在明场下均呈暗灰色，带有环状反光和中心两点；在暗场下，一般均透明，并带有不同的色彩，见图 8-7 所示；在偏光下，除多数铁锰硅酸盐表现出各向同性外，其余均为各向异性。

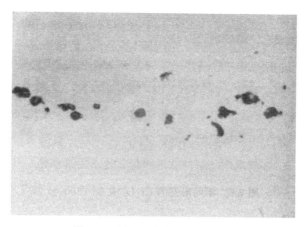

图 8-3 Al_2O_3 夹杂物（500×）

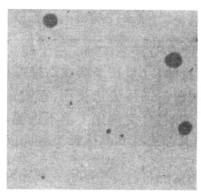

(a) 明场像

(b) 偏光下的球状夹杂物

图 8-4 球状氧化物夹杂物（500×）

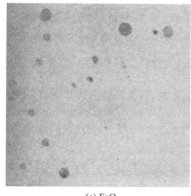

(a) FeO

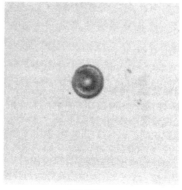

(b) SiO_2

图 8-5 球状氧化物夹杂物（500×）

（4）氮化物

主要有氮化钛（TiN），常见为三角形、正方形、矩形、梯形等形态，见图 8-8 所示。在明场下，呈金黄色；在暗场下不透明；在偏光下，呈各向同性，不透明。氮化钒外形规

图 8-6　不同形态的 Cr_2O_3 夹杂（500×）

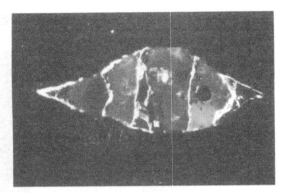

(a) 明场像　　　　　　　　　　　　　　　　　　(b) 暗场像

图 8-7　硅酸盐夹杂物（500×）

图 8-8　氮化钛（TiN）夹杂物（500×）

则，明场下呈粉玫瑰色，其他性质同 TiN。此外，还有氧化钛 [Ti（NC）]，大部分性质与 TiN 相似，在明场下随着含碳量的增加呈现玫瑰色→紫色→淡紫色顺序变化。

　7. GB/T 10561—2005《钢中非金属夹杂物显微评定方法》

　（1）非金属夹杂物的评级方法

金相图片比较法：放大 $100\times$，视场直径为 0.8mm，选取最严重的视场，按夹杂物的数量、大小、长度及其分布与标准图比较。综合考虑评定时，允许评 0.5 级，如：0.5 级，1.5 级等。

（2）JK 标准图

JK 标准中，非金属夹杂物的形态和分布分为四个基本类型：A 类，硫化物类型；B 类，氧化物类型；C 类，硅酸盐类型；D 类，球状氧化物类。

每种类型按照厚度或直径不同分为粗系和细系，每个系列由 1～5 级图片组成。

（3）结果表示

在每个试样的夹杂物类别字母后标＋最恶劣视场的级别数。如：

A2：表示硫化物细系 2 级。

B1e：表示氧化铝粗系 1 级（e 表示粗系夹杂物）。

举例：

① 材料：GCr15-轴承钢试样 2 个，放大 $100\times$，各 1 个视场。

第一个视场：A3：硫化物 3 级（细系）

　　　　　　B2：氧化物 2 级（细系）

第二个视场：A3：硫化物 3 级（细系）

　　　　　　B4：氧化物 4 级（细系）

② 两个试样的平均含量：

$$A3=\frac{3+3}{2}=3 \text{ 级（硫化物）（细系）}$$

$$B3=\frac{2+4}{2}=3 \text{ 级（氧化物）（细系）}$$

③ 非金属夹杂物的最高含量：

$$B4 \text{ 级（细系）}$$

④ 各类夹杂物平均级数量总和：

$$A+B=3+3=6 \text{ 级（细系）}$$

对于长度超过视场直径和厚度大于标准评级规定的夹杂物均应单独记录。

⑤ 实验报告见标准。

（4）评级原则

分为 A、B、C、D 四类，粗系、细系。

① 评级图为下限图片，若出现两级之间（长度或点数）的夹杂物时，按照相邻较小级别评定。

② 对于同类夹杂物，当出现在粗系或者细系两系之间时，其形状或厚度（或直径）接近哪个系列级别按哪个相应的系列图片进行评级，若恰在中间则按照粗系评定。

③ 在同一视场中同时出现最严重的粗大或细小夹杂物时（呈同一母线分布或不呈同一母线分布），不能分开评定，其级别应按照长度或数量相加后并按占优势的夹杂物进行评级（评定时不必测量，直接对照图片）。

④ 同一视场中出现同一母线而断续的同类同系的 B、C 类夹杂物时，若两条夹杂物断开间距大于 0.127mm（在 $100\times$ 下，12.7mm），应按照二条计算（将间距除去），若小于 0.127mm 则算作一条夹杂物。

⑤ 当出现大于 $2\frac{1}{2}$ 级的夹杂物时，可参照 ASTME45 的图（即 JK 图）进行评级。

三、实验仪器及材料

1. 实验仪器

数码金相显微镜，金相摄影软件。

2. 实验材料

硫化物夹杂物试样，硅酸盐夹杂物试样，氧化物夹杂物试样，氮化物夹杂物试样。

四、实验内容及步骤

1. 分析夹杂物产生原因。

2. 识别钢中硫化物、硅酸盐、氧化物和氮化物等各种非金属夹杂物的形态特征。

3. 根据标准判断非金属夹杂物试样中夹杂物级别。

五、实验报告及要求

1. 写出实验目的。

2. 画出钢铁材料中典型中硫化物、硅酸盐、氧化物和氮化物等各种非金属夹杂物的形态。

3. 学会使用国家标准判断非金属夹杂物的级别并作出相应判断。

六、思考题

1. 为什么要检验钢铁中的非金属夹杂物？

2. 钢铁中常见的夹杂物的类型和分布有哪几种？

3. 夹杂物的评定原则？

实验九　显微硬度法在金相检验中的应用

显微硬度实验法是用一个极小的金刚石锥体，在一定负荷的作用力作用下，压入被测金属表面，经规定的保荷时间后，卸除负荷，然后通过光学放大，测定在一定负荷下，由金刚石角锥体压头压入被测物后所残留的压痕对角线长度，根据压痕对角线长度和负荷，查表求出被测物的硬度值。

一、实验目的

1. 了解显微硬度计的构造及操作方法。

2. 掌握显微硬度法在金相组织中的测定方法。

二、实验原理

1. 显微硬度计的压头类型

显微硬度计是金相检验常用的实验仪器，其主要结构如图 9-1 所示。使用显微硬度计可以通过测定组织的硬度而鉴别组织，还可以检验试样表层如渗碳层的硬度和厚度等，见图 9-2 所示的渗碳钢渗碳淬火后渗层显微硬度检测形貌图。

显微硬度压头按照几何形状又分为维氏（Vickers）显微硬度和努普（Knoop）显微硬度两种，见图 9-3 所示。维氏显微硬度是用对象为 136° 的金刚石四棱锥作压入头，见其值按

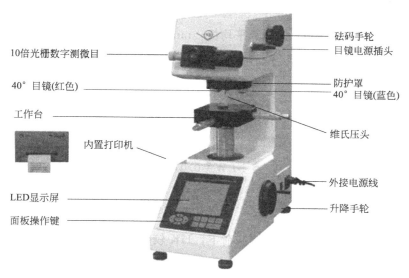

10倍光栅数字测微目

40°目镜(红色)

工作台

内置打印机

LED显示屏

面板操作键

砝码手轮

目镜电源插头

防护罩

40°目镜(蓝色)

维氏压头

外接电源线

升降手轮

图 9-1　HVS-1000 型显微硬度计的结构示意图

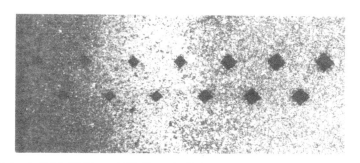

图 9-2　20CrMnTi 钢 910℃渗碳 860℃淬火回火后的显微硬度检测（100×）

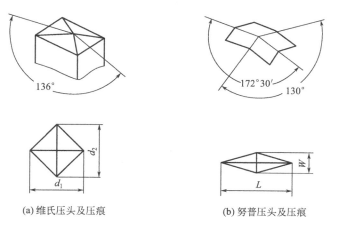

136°

172°30′　130°

d_2

d_1

W

L

(a) 维氏压头及压痕

(b) 努普压头及压痕

图 9-3　硬度计的压头及压痕

下式计算：

$$HV = 0.102 \times \frac{2F \times \sin \frac{\alpha}{2}}{d^2} = 0.1891 \times F/d^2$$

式中，HV 为显微硬度值，N/mm^2；α 为压头顶端两相对面夹角，136°；F 为负荷，N；d 为压痕两对角线长度 d_1 和 d_2 的计算平均值，mm。压痕深约 $\frac{1}{7}d$。

努普硬度是用对棱角为 170°30′ 和 130° 的金刚石四棱锥作压入头，其值按下式计算：

$$HK = 0.102 \times \frac{F}{A_K}$$

式中，F 为压头承受的载荷，N；A_K 为压痕投影面积，mm^2。

设压痕长对角线长度为 L，短对角线为 W，由几何关系可知 $W = 0.14056L$，

$$A_K = \frac{1}{2}LW = 0.0708028L^2$$

$$HK = 0.102 \times \frac{F}{0.07028L^2} = 1.451\frac{F}{L^2}$$

压痕深约 $\frac{1}{30}L$。由此可见，在相同载荷下，HK 较 HV 的压痕深度浅，更适合用于测量薄层硬度和过渡层的硬度分布。

中国和欧洲各国采用维氏硬度，美国则采用努普硬度。兆帕（MPa）是显微硬度的法定计量单位，而 kgf/mm^2 是以前常用的硬度计算单位。它们之间的换算公式为 1kgf/mm^2 = 9.80665MPa。

为了提高测量精度。显微硬度计应符合下列要求：

① 实验力示值相对误差及示值重复相对误差应大于表 9-1 规定。

表 9-1　实验力示值相对误差及示值重复相对误差

实验力 (F)/N	示值相对误差/%	示值重复相对误差/%
>98.07×10^{-3}	±1.5	1.5
≤98.07×10^{-3}	±2.0	2.0

② 压痕测量仪器的误差应符合表 9-2 规定。

表 9-2　压痕测量仪器的误差

压痕对角线长度/mm	示值误差
≥0.04	±0.01
<0.04	±0.0004nm

③ 显微硬度计的示值相对误差及示值相对变动度应符合表 9-3 规定。

表 9-3　显微硬度计的示值相对误差及示值相对变动度

实验力 (F)/N	硬度范围	示值相对误差/%	示值相对变动度/%
0.2452	100~150	±8	8
0.4903	200~300	±8	8
0.9807	400~500	±7	7

2. 影响显微硬度值的因素

① 测量误差：主要由载荷测量误差及压痕测量误差引起的。

② 试样的表面状态。

③ 加载部位。

④ 试验载荷。

⑤ 载荷施加速度及保持时间。

3. 显微硬度试验的应用范围

显微硬度的测定应当遵循 GB/T 4340.1—1999《金属维氏硬度试验第 1 部分：试验方法》中的有关规定，应当严格按照标准测量。通过显微硬度试验的应用范围如下。

① 测定细小薄片零件和零件的特殊部位，以及氮化层、氧化层、渗碳层等表面层的硬度。

② 对金相显微组织硬度的测定进行比较来研究金相组织。

③ 对工件的剖面沿其纵深方向按一定的间隔进行硬度测定，以判定电镀、氮化、氧化或渗碳层等表面层的厚度。

4. 使用注意事项及异常压痕的产生

使用中注意的事项包括：

① 试验力保持时间一般为 10～15s；

② 任一压痕中心距试样边缘距离，对于钢、铜及铜合金至少应为压痕对角线长度的 2.5 倍；对于轻金属、铅、锡及合金至少应为压痕对角线长度的 3 倍；

③ 两相邻压痕中心之间距离对于钢、铜及铜合金至少应为对角线长度的 3 倍；对于轻金属、铅、锡及合金至少应为压痕对角线长度的 6 倍；如果相邻两压痕的大小不同，以较大压痕确定压痕间距；

④ 一般情况下，建议对每个试样测四个值，第一个舍弃，报出三个点的硬度测试值。

异常压痕的产生的原因有：

① 压痕呈不等边菱形，但呈规律单向不对称压痕，可能是试样表面与底面不平行或者载荷主轴的压头与工作台不平行。

② 压痕对角线交界处（顶点）不成一个点，或对角线不成一条线。这主要是因为顶尖或棱边损坏，换压头后调整至"零位"即可。

③ 压痕不是一个而是多个或大压痕中有小压痕。这是由于加荷时试样相对于压头有位移。

④ 压痕拖"尾巴"。

a. 由于支承载荷主轴的弹簧片有松动。这时沿径向拨动载荷主轴，压痕位置发生明显变化。

b. 由于支承载荷主轴的弹簧片有严重扭曲。这是压头或试样表面上有油污，这一现象影响压痕的观察和测量。

三、实验仪器及材料

1. 实验仪器

HV-1000 型显微硬度计，HVS-1000 型显微硬度计。

2. 实验材料

低碳钢镀镍试样，纯铁镀铬试样。

四、实验步骤

1. 试样的要求

① 因电镀层较薄，在磨削过程中，镀层易剥落和产生倒角，直接影响镀层压痕的测量

精度，必须将试样镶嵌起来磨制。

② 为了消除机械抛光对试样造成的加工硬化，试样最好采用电解抛光。

③ 在横截面上为了清楚地区分金属基体、镀层、保护层三部分，应正确地选用侵蚀剂。

④ 对于两面不平行的试样可用橡皮泥固定在压平台上，然后放在压平机上压平。

2. 仪器测试

仪器在使用前，首先调节三只安平螺丝，使圆水泡居中，这时工作台处于水平位置。同时加荷主轴处于铅垂位置。

3. 负荷的选择

① 根据镀层硬度选择合适的负荷。条件允许尽量选择大负荷以减少测定误差的影响。一般规定压痕对角线长度不超过镀层厚度的一半，而 $d \leqslant 1/2H$。

② 转动变荷圈，确定负荷。选择负荷时宜从大往小的方向转动。

4. 仪器的操作

① 安置试样：根据试样的形状、大小、高低选择合适的装夹工具，并安装在仪器的工作台上，将工作台移至左端，打开显示器左侧的开关。

② 调焦：转动手轮进行调焦至影像清晰。

③ 转动工作台上纵横向微分筒，在视场里找出试样的测定部位（为了使压痕能精确的打在镀层中心，可以先试打一点，再将测微目镜转过一个角度，并转动测微鼓轮使叉线中心与试打的压痕中心重合，以后再打的压痕就会落在分划板的叉线中心）。

④ 将工作台移到右边的压头下（注意移动时，必须平稳不能有冲击，以免试样移动）。

⑤ 加荷：选择一个保荷时间（10～15s），按动电机启动键进行加荷，当保荷时间的数码管开始缩减时，表示负荷已加上，至数码管中出现 0 字（或 1），电机自动启动进行卸荷。卸荷完毕后数码管中又恢复原来的数字。

⑥ 将试样台重新移至左端物镜下进行测量。

5. 硬度测定

① 瞄准　调节工作台上的纵横向微分筒和测微目镜左右两侧的手轮，使压痕的棱边和目镜中交叉线精确的重合。若测微目镜内的交叉线不平行，测可转动测微目镜使之平行。有时棱边是一条曲线，测量时应以顶点为准。

② 读数　从视场内和读书鼓轮上分别读出整数和小数部分，两数相加就是测得的对角线长度。注意当压痕不规则时，需将两对角线全部测量，取其算术平均值。

求压痕对角线的实际长度：从测微目镜中读出的值是放大 40× 的值，压痕对角线的实际长度为：

$$d = N/V$$

式中，d 为压痕对角线的实际长度；N 为测微目镜上测得的对角线长度；V 为物镜放大倍数（40×）。

③ 查表求值　根据实际压痕对角线长度可直接查表求出试样的硬度值，用 HV 表示。例如：用 500gf 负荷打出的压痕为 66.5μm，那么该试样的显微硬度值为 210，表示法为 210HV 0.5。

五、实验注意事项

1. 实验一般在 10～35℃ 室温进行，对精度要求严格的实验，室温应控制在 23℃±5℃ 之内。

2. 在显微硬度实验时，切忌在有震动的环境下使用。

3. 实验力的施加应均匀平稳，不得有冲击和震动。试验力保持时间一般为 $10\sim15s$。

4. 光学元件表面有尘埃时，可用吹风吹去或用狼毫毛笔轻轻拭去，千万不要用手去擦。

六、实验报告及要求

1. 写出实验目的。

2. 检测低碳钢镀镍试样和纯铁镀铬试样镀层厚度及硬度，将实验结果填表如下：

硬度值及厚度 材料	镀层硬度				镀层厚度
	d_1	d_2	d_3	平均值	

七、思考题

1. 测定镀层硬度时都有哪些注意事项？影响镀层硬度值的因素有哪些？

2. 测量压痕对角线长度时，应注意什么？

第二篇　分析型实验

实验十　结构钢的组织观察与检验

所谓的结构钢顾名思义就是主要用于形成结构的钢材。根据结构钢成分的不同可以分为碳素结构钢和合金结构钢两大类。结构钢的金相检验主要内容包括：鉴别各种冷热加工处理后的组织；鉴别和评定钢中非金属夹杂物的类型、数量以及在生产工艺过程中出现的组织缺陷等。

一、实验目的及要求

1. 了解常见结构钢的显微组织。
2. 掌握不同结构钢的检验方法和正确评级方法。
3. 分析结构钢中常出现的各种缺陷组织。

二、实验原理

1. 冷变形钢的金相检验

冷变形钢是指可以在常温下用冲压或拉拔等冷变形的方法，以支撑某种机械零件或毛坯的钢材。分为冷冲压用钢和冷拉结构钢。

（1）冷冲压用钢的金相检验

深冲冷轧薄板用钢，常用牌号有 08、08F、10 等钢种；锅炉、船舶、桥梁、高压容器等构件常用 20、16Mn、15MnV、14MnNb 等钢种。金相检验内容有：

① 铁素体晶粒度　如图 10-1 所示，评级标准为 GB/T 4335—1984《低碳钢冷轧薄板铁素体晶粒度测定法》。

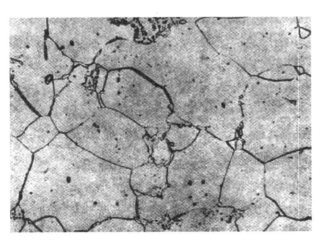

图 10-1　08 钢组织（500×）

② 游离渗碳体　见图 10-2 所示，评级标准为 GB/T 13299—1991《钢的显微组织评定法》。

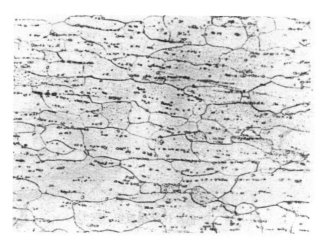

图 10-2 08 钢退火后的游离渗碳体（500×）（C 系 3 级）

③ 铁素体和珠光体相间的带状组织 见图 10-3 所示，评级标准为 GB/T 13299—1991《钢的显微组织评定法》。

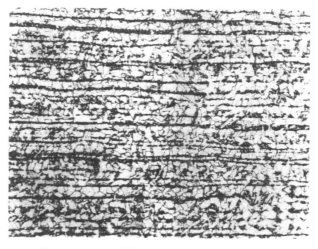

图 10-3 10 钢带状组织（100×）（A 系 3 级）

（2）冷拉结构钢的金相检验

冷拉结构钢的主要牌号有 15、25、45、15Mn 钢等。冷拉结构钢经冷拉变形后其显微组织中铁素体晶粒由原来等轴状变为沿着变形方向延伸的晶粒，晶界面积也因晶粒的伸长变扁而增大，晶内出现滑移线；当变形量很大时，铁素体晶粒被拉成纤维状，晶界处如有珠光体也被拉成长条状，其中渗碳体不易变形而破碎；当冷拉结构钢原始组织具有粗片状珠光体或网状渗碳体时，易形成冷加工纤维状组织，见图 10-4 所示。

冷拉结构钢的金相检验标准按照 GB/T 3078—2008 有关规定进行：断口检验，GB/T 1814—1979 钢材断口检验法；低倍组织和缺陷，GB/T 226—1991；脱碳层的检验，GB/T 224—2008；非金属夹杂物检验，GB/T 10561—2005；铁素体晶粒度，GB/T 6394—2002；带状组织检验，GB/T 13299—1991。

（3）冷变形钢热处理后的组织

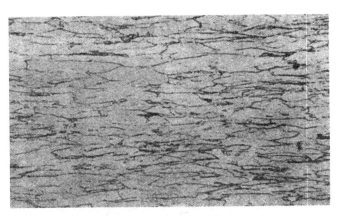

图 10-4　10 钢冷拉纤维组织（100×）

　　将经过冷变形的钢材加热到低于再结晶温度，保温一定时间并缓慢冷却。这时钢中的内应力基本消除，但显微组织及力学性能无大变化，仍保留加工硬化现象。当加热温度升到再结晶温度以上，并保温一定时间，这时钢发生再结晶现象，原先被拉长或压扁的铁素体晶粒为等轴晶粒，而渗碳体发生球化，此时金属的各种性能恢复到变形前的状况。再结晶退火一般得到细而均匀的等轴晶粒，但如果加热温度过高或保温时间过长，则再结晶的晶粒又会发生长大且粗化，材料的冲击韧性下降。

2. 易切削结构钢的金相检验

　　在普通结构钢中加入硫、磷、钙、铅等元素，使其形成某种易切削相，从而改变钢的切削性能。易切削钢用代号"Y"表示，主要牌号有 Y12、Y15、Y40Mn、Y45Ca、YT12Pb 等。分为硫系和铅系两大类。

　　（1）硫系易切削钢中夹杂物的形态特征

　　含硫易切削钢中，夹杂物相主要为 MnS 和 FeS，见图 10-5 所示。MnS 在钢锭中呈球形及不规则点状分布，经热轧的钢材中的 MnS 则沿轧制方向断续分布，并形成条状或拉长的夹杂物。

图 10-5　Y12 钢易切削钢中的硫化物和组织（100×）

　　（2）铅系易切削钢中夹杂物的形态特征

　　铅与铁在液态时互不溶解，铅也几乎不溶于固态铁中，故单相的铅常呈微粒状（≤3μm），均匀分布在钢中，如果铅含量过高，易形成大颗粒以及铅的成分偏析。钢在热加工时可使铅夹杂物变形或分裂成更细的铅粒。

在明场下观察：铅呈黄褐色；在暗场下铅呈黄色或橙黄色。如果侵蚀时间过长或冲洗力过大，则在显微镜下观察到铅粒呈黄色环状（呈黑色圆形小坑），这是铅被腐蚀掉的结果。

（3）易切削结构钢的金相检验

易切削钢中的组织一般为铁素体（或奥氏体）及碳化物。一般来说低碳的切削钢中的组织应为铁素体和粗片状珠光体或冷拔变形的铁素体和珠光体；中碳切削钢中的组织应为部分球化的珠光体和铁素体，高碳切削钢中的组织应为球化的珠光体和铁素体。

3. 低碳低合金钢的金相检验

在含碳量低的碳素钢基础上加入少量的合金元素（一般质量分数≤3%）而获得高强度（特别是屈服强度）、高韧性和良好的可焊性及其他特殊性能的钢种。一般分为：铁素体和珠光体型钢，如09MnV、06AlNbCuV；贝氏体型钢，如18MnMoNb；马氏体型钢，如18MnPRE钢。

（1）原材料组织检验

对于铁素体和珠光体型钢，正常组织为等轴F+细片状P；热轧钢的组织为带状F+P。

（2）贝氏体型钢

此类刚在热轧或热处理后会产生贝氏体，具体何类贝氏体组织，视加热温度和冷却速度而定。贝氏体型钢在相当宽的冷却速度下即可得到贝氏体。这类钢一般能在热轧态直接冷却得到贝氏体，故常在热轧态使用。低碳低合金钢中的贝氏体一般存在三种类型：粒状贝氏体、黑针状下贝氏体和羽毛状上贝氏体。

（3）马氏体型钢

典型钢号有20Cr、20CrMo、15MnVB、20SiMnVB、18Cr2Ni4W和25Cr2Ni4W。低碳马氏体钢的金相检验内容包括：晶粒度、带状组织和魏氏组织、夹杂物、脱碳层、淬火后的组织等。马氏体型钢根据其热处理的淬火工艺，金相组织一般为板条状M或板条状M+极少量的F，见图10-6所示。

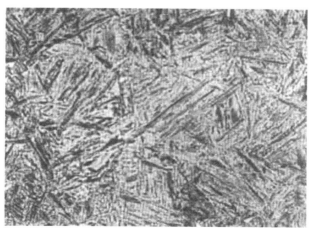

图10-6　20CrMo钢880℃淬油后的组织为板条马氏体（500×）

马氏体型钢热处理时，常见缺陷有以下几种。

① 淬火欠热组织　一般出现铁素体组织，见图10-7所示。

② 淬火过热组织　表现为马氏体组织粗大，部分区域出现贝氏体组织，见图10-8所示。

图 10-7　20CrMo 钢 820℃淬水组织（500×）

图 10-8　20CrMo 钢 930℃淬水组织（500×）

③ 淬火欠淬透组织　一般在冷速不足时出现托氏体组织，有时出现贝氏体和先共析铁素体，见图 10-9 所示。

图 10-9　20Cr 钢 880℃淬水的组织（500×）

4. 调质钢的金相检验

调质钢通常是指采用调质处理（淬火加高温回火）的中碳优质碳素结构钢和合金结构钢。常用牌号有：40Cr、40MnB、30CrMnSi、38CrMoAlA、40CrNiMoA、40CrMnMo 等。

（1）原材料的组织检验

调质工件在淬火前的理想组织是细小均匀的铁素体＋珠光体，才能保证在正常淬火工艺下时得到细小的马氏体淬火组织，如图 10-10 所示。

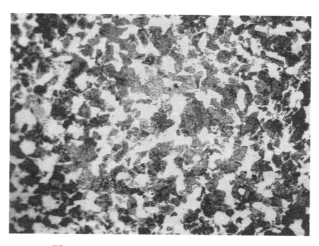

图 10-10　40Cr 钢退火后的组织（100×）

（2）调质钢的热处理

① 预先热处理　调质钢在切削加工前进行的预先热处理，珠光体钢可在 A_{c3} 以上进行一次正火或退火；合金元素含量高的马氏体钢则先在 A_{c3} 以上进行一次空冷淬火，然后再在 A_{c3} 以下进行高温回火，使其形成回火索氏体。

② 最终热处理　调质钢一般加热温度在 A_{c3} 以上 30～50℃，保温淬火得到马氏体组织。淬火后应进行高温回火获得回火索氏体。

（3）调质钢的金相检验

① 脱碳层检验　如图 10-11 所示，检验标准为 GB/T 224—2008。

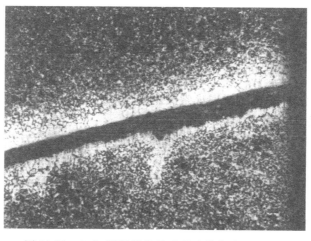

图 10-11　40Cr 钢调质处理后出现脱碳层（100×）

脱碳层是指钢材在热加工时由于表面与炉气的氧化反应，失去部分或全部的碳量，造成钢材表面碳量降低的区域。分为部分脱碳层和全脱碳层。脱碳层厚度等于部分脱碳层和全脱碳层厚度之和。

② 锻造的过热和过烧组织　锻造时终锻温度过高，冷却时先共析铁素体沿晶界析出，造成组织脆性增加，见图 10-12 所示。当温度进一步提高，组织进一步粗大，出现魏氏组织和晶界出现熔化现象时将造成工件报废，见图 10-13 所示。

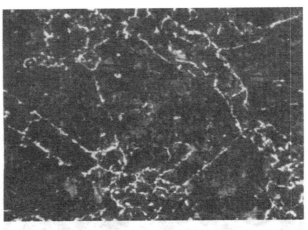

图 10-12　40Cr 钢造严重过热组织（100×）

图 10-13　40Cr 钢锻早严重过烧组织（200×）

③ 调质后的组织：一般为细小回火索氏体组织，见图 10-14 所示。

5. 大截面用钢的金相检验

大截面钢是指供锻造大型锻件（直径在 700mm）之用，也称为大型锻件用钢。如制造发电机转子用的 34CrMo1A、34CrNi3Mo 钢，护环用 50Mn18Cr4、50Mn18Cr4N 等，汽轮机高压转子用 27Cr2Mo1V，叶轮用 24CrMoV 等。大截面钢的最终热处理一般为淬火＋高温回火，淬火组织为中碳马氏体及下贝氏体，回火组织为索氏体。由于工件粗重，由工件表层至心部逐渐出现不同的组织，见图 10-15 所示。

大截面钢经调质后其脆性转变温度和钢的淬火组织有关。当钢的淬火组织为马氏体时，

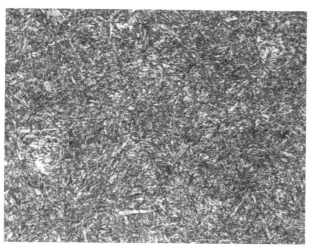

图 10-14　40Cr 钢正常调质组织（500×）

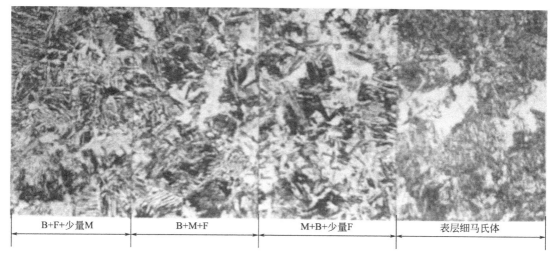

| B+F+少量M | B+M+F | M+B+少量F | 表层细马氏体 |

图 10-15　40Cr 钢 850℃油冷淬火组织（500×）

锻件的脆性转变温度最低；下贝氏体次之；铁素体和珠光体最高。所以大锻件在淬火过程中应抑制珠光体和铁素体的出现，并减少贝氏体的量。

大型铸锻件的主要缺陷有：偏析、夹杂物、气孔、缩松等。解剖大型铸锻件的项目有硫印、酸蚀、夹杂物、组织及组织偏析等，可参考《大型铸锻件缺陷分析图谱》进行分析。

6. 低合金超高强度马氏体钢的金相检验

这类钢是由调质钢发展来的，但最终热处理工艺采用淬火加低温回火或等温淬火。使用状态的主要组织为回火马氏体和下贝氏体。其强度主要取决于马氏体固溶的碳含量。多种元素的综合合金化和真空冶炼，电渣重熔技术已经成为超高强度钢的基础技术。

低合金超高强度马氏体钢常用牌号有：40CrNiMo、40Cr2NiMoA、40CrNiMoV、32Si2Mn2MoVA、40CrMnSiMoVA、30CrMnSiNi2A。使用状态下的金相组织有板条状马氏体、针状马氏体、回火马氏体、下贝氏体、上贝氏体、粒状贝氏体、残留奥氏体。图 10-16 为40CrNiMo 钢淬火回火后的组织。

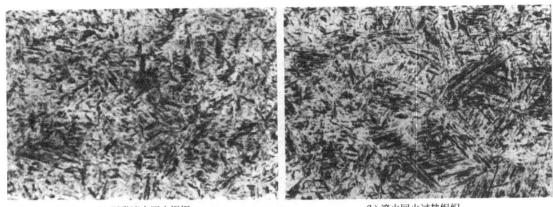

(a) 正常淬火回火组织　　　　　　　　　　　(b) 淬火回火过热组织

图 10-16　40CrNiMo 钢淬火回火后的组织（500×）

7. 贝氏体钢的金相检验

中碳结构钢适当合金化后可明显延迟珠光体转变，突出贝氏体转变，使钢在奥氏体化后在较大的连续冷却范围内可以得到贝氏体为主的组织，称为贝氏体钢。常添加的元素有 B、Mo、Mn、W 和 Cr。其中 B 和 Mo 元素在延迟珠光体转变的同时能促进贝氏体组织转变。图 10-17 为 12Cr2Ni4A 钢 850℃加热，400℃等温组织粒状贝氏体组织。

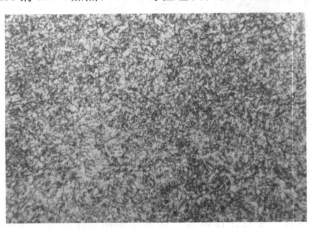

图 10-17　12Cr2Ni4A 钢 850℃加热，400℃等温组织粒状贝氏体组织（500×）

贝氏体钢常用牌号有：10CrMnBA、10CrMnMoBA、10Cr2Mn2BA、18Mn2CrMoBA 和 55SiMnMo 等。供应状态的贝氏体钢组织是粒状珠光体，最终热处理状态是炉冷、空冷或模冷，组织为下贝氏体为主，有时冷速不足会出现板条马氏体和无碳贝氏体（铁素体和富碳奥氏体组成的条片相间的贝氏体组织）。

无碳贝氏体是中碳贝氏体钢 55SiMnMo 正火态的主要组织，见图 10-18 所示。为了显示无碳贝氏体中的奥氏体，可采用染色法。染色剂为：亚硫酸钠 2g，冰醋酸 2mL，水 50mL。先用硝酸酒精侵蚀使得组织清晰，再浸入染色剂中 1～2min，染色后的奥氏体为天蓝色；而铁素体呈棕色。无碳贝氏体具有良好的抗疲劳冲击力，回火分解温度为 400℃。

8. 非调质钢的金相检验

非调质钢即微合金化的中碳钢，是在结构钢中单一或复合地加入 V，Nb，Ti 等微量元

图 10-18　55SiMnMo 钢无碳贝氏体组织（1000×）

素，使钢在通过控制轧制或控制锻造后直接获得高强度和一定的韧性，从而省去零件的调质工序来代替调质钢。常用非调质钢的牌号有 45VS，40MnVTi，40MnV，35MnVNb。图 10-19 为 35MnVNb 钢控制轧制后空冷的组织。

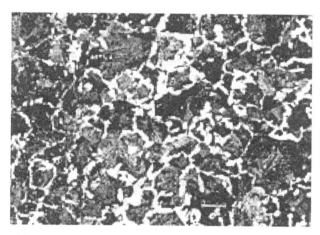

图 10-19　35MnVNb 钢控制轧制后空冷的组织（100×）

非调质钢的强化机理与调质钢不同。它主要依靠 V、Nb、Ti 等微量元素的碳化物或碳氮化物在先共析铁素体＋共析铁素体中沉淀析出强化相。这些碳化物和碳氮化物还有细化晶粒的作用。

9. 双相钢的金相检验

双相钢是由低碳钢或低合金高强度钢经临界区处理或控制轧制而得到的，主要由铁素体和马氏体组成的复相合金。这种钢具有屈服点低、初始加工硬化率高、强度延性匹配好等优点，是一种新型的冲压用钢，特别在汽车工业中得到广泛应用。常用牌号：冷轧连续退火类有 CHLY-40～CHLY-100；热轧类有 HHLY-50、HHLY-60 和 HHLY-80 等；热处理类有 GM980X-X 和 VAN-QN50 等。

双相钢通常在供应状态下使用，所以它的金相组织尤为重要。双相钢的主要组织是铁素体和马氏体，两者硬度相差大所以金相制样需要特别仔细，如图 10-20 所示。

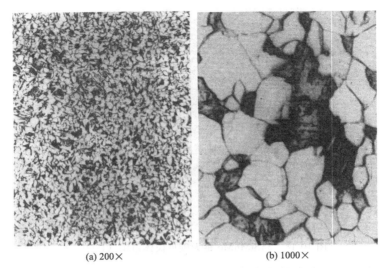

(a) 200×　　　　　　　　　　　　(b) 1000×

图 10-20　热轧状态铁素体-马氏体双相钢

　　双相钢常用的侵蚀剂仍是硝酸酒精；Lepere 试剂即焦亚硫酸钾苦味酸试剂和过硫酸铵试剂（自动分析）；苦味酸碱性铬酸盐试剂（新老 F）；敏化的苦味酸水溶液（A 晶粒度）。

　　真正反映双相钢组织特征的是两相的体积比、硬度比、硬质相的连续度、分散度以及铁素体的再结晶程度等。这些组织特征都直接影响双相钢的性能。例如双相钢的强度与马氏体的体积占有量有关。而延伸率和断面收缩率除了两相体积比外还与马氏体的分布和形态密切相关。

三、实验仪器及材料

1. 实验仪器

数码金相显微镜，金相摄影软件。

2. 实验材料

冷变形钢试样、易切削钢试样、低碳低合金钢试样、调质钢试样、大截面用钢试样、低合金超高强度马氏体钢试样、贝氏体钢试样、非调质钢试样、双向钢试样若干。

四、实验内容及步骤

1. 观察各种结构钢的典型组织。

2. 对照国家标准进行组织评级。

3. 画出冷变形钢、易切削钢、低碳低合金钢、调质钢、大截面用钢、低合金超高强度马氏体钢、贝氏体钢、非调质钢和双向钢的典型组织。

五、实验报告及要求

1. 写出实验目的。

2. 画出各种结构钢的典型组织示意图，并标明其中的组织。

3. 学会使用国家标准判断各种组织的级别并作出相应判断。

六、思考题

1. 调质的主要目的是什么？

2. 常用低合金调质钢有哪几类？

3. 40Cr 钢退火后的组织？淬火后的组织？淬火加高温回火后的组织？

4. 贝氏体钢的主要组织是什么？

5. 硫系易切削钢中主要夹杂物相有哪些？

6. 冷冲压钢铁素体晶粒过大、过细和不均匀时有何影响？

实验十一　碳素工具钢、合金工具钢的组织观察与检验

工具钢是指用来制造刃具、量具、模具的钢种，根据其化学成分的不同可以分为碳素工具钢和合金工具钢两大类。

在碳素工具钢化学成分的基础上，加入一种或几种其他元素而成的钢称为合金工具钢。合金工具钢一般用于制造形状复杂、尺寸精度高、截面积大及载荷重的工具。

一、实验目的及要求

1. 了解碳素工具钢、合金工具钢的显微组织。

2. 掌握碳素工具钢、合金工具钢的检验方法和正确评级方法。

3. 分析工具钢中常出现的各种缺陷组织。

二、实验原理

1. 碳素工具钢的金相检验

碳素工具钢是含碳量较高的钢，其含碳量在 $0.7\% \sim 1.3\%$ 之间，所以又称为高碳钢。由于碳含量比较高，使淬火后钢中存在大量过剩碳化物，从而保证了工具钢热处理后获得较高的硬度和耐磨性，能广泛用于制造各种工具和模具。这种钢的主要合金元素是碳元素，所以红硬性较差，例如作高速切削时刀具会受热软化丧失切削功能。因此只能制造尺寸小、形状简单、切削速度不高的工具，如手工锯条、锉刀、丝锥、板牙、凿子以及形状简单的冷加工冲头、拉丝模、切片模等。主要牌号有 T7、T8、T9、T10、T11、T12、T13 等。

碳素工具钢原材料组织由片状珠光体和网状渗碳体组成，如图 11-1 所示，大多为锻造加工后的退火状态的过共析钢组织。为了淬火、回火后获得细小马氏体和颗粒状渗碳体，必

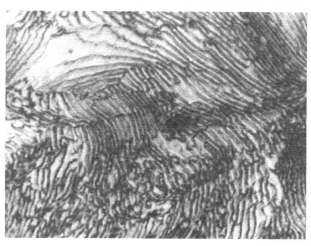

图 11-1　T8 钢退火后的组织（500×）

须进行球化退火处理（使片状渗碳体趋于球状），消除网状渗碳体。

（1）球化退火组织的检验

球化退火工艺的加热温度＜A_{cm}，一般有普通球化退火和等温球化退火等，可采用三种

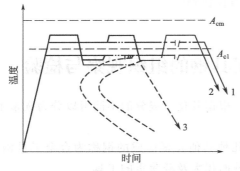

图 11-2　过共析钢球化退火工艺图

不同方式进行热处理，见图 11-2 中所示方式 1、2、3。第一种球化退火方式是将工件加热到略高于 A_{c1} 温度后长时间保温，缓冷到小于 500℃后空冷；第二种方式是将工件加热到 A_{c1}＋（20～30℃）烧透后快冷到 A_{c1}－（20～30℃）保温反复循环数次后缓冷到小于 500℃空冷。这两种方式属于普通球化退火。第三种方式是等温球化退火，是与普通球化退火工艺同样的将工件加热到 A_{c1}＋（20～30℃）后保温再快冷到略低于 A_{r1} 的温度进行等温，等温时间为其加热保温时间的 1.5 倍，之后

随炉冷至 500℃左右出炉空冷。和普通球化退火相比，等温球化退火不仅可缩短周期，而且可使球化组织均匀，并能严格地控制退火后的硬度。

球化退火主要用于过共析的碳钢及合金工具钢（如制造刃具、量具、模具所用的钢种）。其主要目的在于降低硬度，改善切削加工性，并为以后淬火作好准备。球化退火工艺有利于塑性加工和切削加工，还能提高机械韧性。球化退火时，片状的珠光体在反复加热过程中发生破断，然后成为表面积最小、能量最低的球状珠光体组织。由于球化退火保温时间较长，应当注意工件表面不应出现较厚的脱碳层，球化后应当注意检验珠光体球化质量。

① 球化退火欠热组织　碳素工具钢在球化温度过低使得珠光体球化不良造成的组织，在 500×下珠光体的片间距不能分辨，并伴有点状及小球状珠光体，见图 11-3 所示球化质量 1 级较差。这种组织在淬火时容易出现组织不均匀造成过热组织和淬火开裂。

图 11-3　T12 钢球化退火欠热组织（500×）

② 球化退火正常组织　正常的球化退火组织为具有均匀的中等颗粒大小的球粒状珠光体，渗碳体球的轮廓清晰可见，见图 11-4 所示。球化良好的工具钢，其淬火加热温度范围较宽，零件淬火后尺寸变化小，这种组织的材料具有较好的切削加工性能。因此，对于工具钢或高碳高合金钢来说，球化处理是淬火前的预备热处理工艺。

图 11-4　T12 钢正常球化退火组织（500×）

③ 球化退火过热组织　碳素工具钢在球化温度过高使得珠光体呈粗片状造成的组织。部分片状渗碳体呈粗球状、棱角状，这种组织在淬火后会出现局部马氏体粗大现象，见图 11-5 所示。

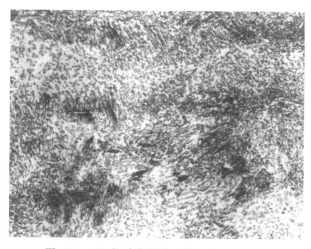

图 11-5　T8 钢球化退火过热组织（500×）

（2）网状渗碳体

碳素工具钢在热加工后冷却过程中，二次碳化物沿晶界析出而成网络状，称为网状碳化物。网状渗碳体的存在将增加钢的脆性，使钢的冲击韧性显著下降，明显降低工具的使用寿命。这是碳素工具钢检验项目之一，评级为 1～4 级。一般来说：$\phi \leqslant 60mm$，$\leqslant 2$ 级合格；$\phi \geqslant 60mm$，$\leqslant 3$ 级合格，如图 11-6 所示网状碳化物为 4 级。

（3）脱碳层

脱碳层分为部分脱碳层（铁素体＋珠光体）和全脱碳层（铁素体）。脱碳层厚度等于部分脱碳层和全脱

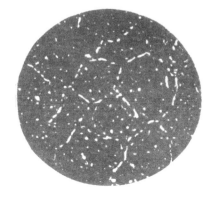

图 11-6　T12 钢 780℃淬火＋180℃回火后网状碳化物（500×）

碳层厚度之和。图 11-7 为 T10 钢淬火会后脱碳层。球化退火后的脱碳层则主要观察表面与心部组织的变化情况，见图 11-8 所示。

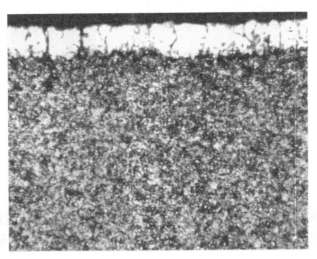

图 11-7　T10 钢淬火回火脱碳层组织（500×）

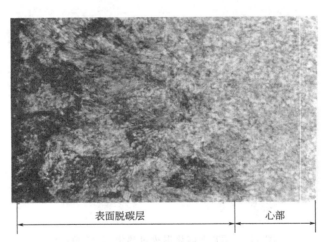

表面脱碳层　　　心部

图 11-8　T10 钢球化退火后表层脱碳层（400×）

（4）石墨碳

游离石墨碳是碳素工具钢容易产生的一种缺陷。产生原因是由于碳素工具钢含碳量较高，当退火温度较高、长时间保温和缓慢冷却，或者是多次退火，使钢中的碳以石墨形式析出。析出的石墨碳较松散，多呈灰色点状或者不规则形状，在制样时容易脱落。侵蚀后，在石墨碳周围由于贫碳，使得铁素体数量较多，珠光体较少，可以与制样时形成的凹坑相区别，见图 11-9 所示。

（5）淬火组织的检验

碳素工具钢的正常淬火温度在 $A_{c1}+(30\sim50℃)$，即通常的加热温度 760～780℃，组织一般为细针状马氏体＋少量残余奥氏体，马氏体级别一般不大于 2～3 级。标准参照 ZBJ 36003—87《工具钢热处理金相检验标准》，根据马氏体针的长短分为 6 级，见表 11-1。在进行评级时应当选择视域中一般长度的马氏体针作为测定依据。

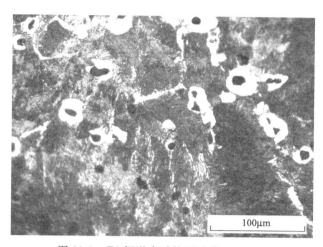

图 11-9　T8 钢退火后的石墨碳（500×）

表 11-1　马氏体等级

M 级别	1	2	3	4	5	6
M 针长度/mm	≤1.5	1.5～2.5	2.5～4	4～6	6～8	8～12

　　当淬火温度选择不当或保温时间不合理以及淬火冷速较小时会出现欠热组织、过热或过烧组织等。碳素工具钢在淬火冷速不足的情况下会出现托氏体组织，这种组织使工具钢丧失一定的切削能力和耐磨性，而原材料中碳化物的分布不均易导致工具的开裂；在较高温度下淬火时将导致马氏体针状较长，级别较高，属于淬火过热，见图 11-10 所示。

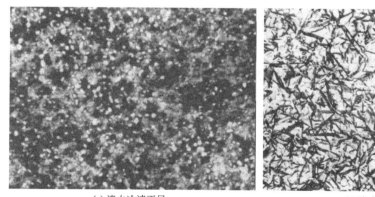
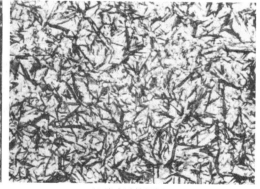

(a) 淬火冷速不足　　　　　　　　　　　　　　　　　(b) 淬火过热组织

图 11-10　T12 钢淬火后的组织（500×）

（6）回火组织

　　回火组织应当为均匀的回火马氏体组织。侵蚀后回火马氏体组织的色泽为均匀的黑色，如果色泽有淡黄色为回火不充分，应补充回火。

2. 合金工具钢的金相检验

　　在碳素工具钢化学成分的基础上，加入一种或几种其他元素而成的钢称为合金工具钢。合金工具钢中常加入的合金元素有：Cr（强烈提高钢的淬透性，抑制钢的贝氏体转变）、Mn（强烈提高钢的淬透性，促使奥氏体晶粒长大，使钢的过热敏感）、Ni（奥氏体形成元素，提高钢的淬透性、韧性）、Si（对回火转变有阻碍作用，和锰元素配合使用能克服钢的过热敏感性）、W、V（W、V 强烈形成碳化物的元素，有强烈的细化晶粒的作用）等。常用牌号有：量具刃具工具钢，9SiCr、8MnSi 等；冷作模具钢，Cr12、Cr12MoV、9Mn2V、CrWMn 等；热作模具钢，5CrMnMo、5CrNiMo、3Cr2W8V 等；耐冲击钢，4CrW2Si、6CrW2Si 等。

合金工具钢在退火状态的金相检验项目、目的、方法等许多方面与碳素工具钢相同，下面叙述其不同之处。

（1）珠光体球化质量

合金元素细化了钢的组织，因此合金工具钢的球状珠光体或片状珠光体均比碳素工具钢细小，见图 11-11 所示。在退火状态下，一般可以由珠光体的粗细来判断材料是碳素工具钢还是合金工具钢。珠光体的评级标准为 GB/T 1299—2000《合金工具钢》。

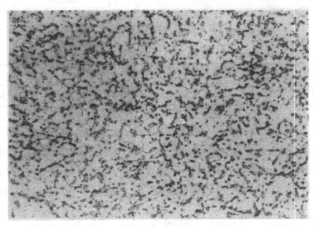

图 11-11　4Cr5MoV1Si 钢超细球化退火组织（1000×）

（2）网状碳化物

合金工具钢的碳化物颗粒及碳化物网的粗细均比碳素工具钢细小，评级方法与碳素工具钢基本相同。一般截面小于 60mm 钢材的组织允许有破碎的半网存在，但不允许有封闭的网状碳化物存在，见图 11-12 所示。封闭的网状碳化物使得工具的脆性较大，容易造成刀具崩刃。

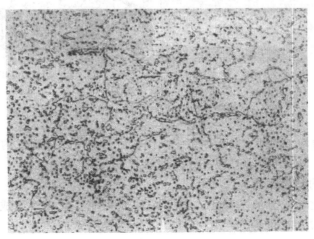

图 11-12　4Cr5MoV1Si 钢网络状分布的细小条状碳化物（1000×）

（3）脱碳层

合金工具钢退火状态的脱碳层组织与碳素工具钢相同，如图 11-13 所示。

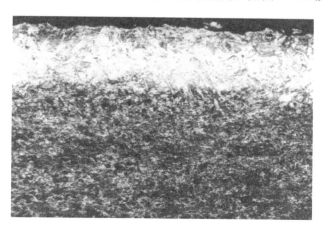

图 11-13　9SiCr 钢淬火回火后表层脱碳（500×）

（4）共晶碳化物不均匀度

高碳高铬钢（Cr12、Cr12MoV 钢）属于莱氏体钢，铸造状态有共晶网状碳化物组织，经过锻轧等热加工可以使部分网状组织破碎，见图 11-14 所示。当热加工变形量较大时，碳化物呈堆积的带状；当热加工变形量较小时，碳化物呈较完整的网状。钢中的这种碳化物不均匀的分布即为碳化物不均匀度。严重时将造成工模具在锻造或热处理时的开裂、过热及变形，并使工模具在使用过程中出现崩裂等缺陷，因此必须检验和控制碳化物不均匀度。碳化物不均匀度按照 GB/T 1299—2000 合金工具钢标准来评级，共分为 8 级：1～3 级为带状；4～6 级分带状和网状两种；7、8 级为网状。

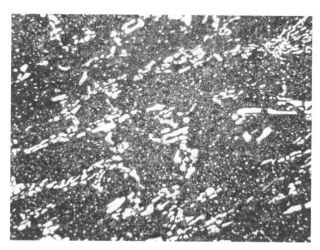

图 11-14　Cr12 淬火回火后的组织 500×

（5）合金工具钢的淬火回火后的金相检验

合金工具钢的淬火临界速度较小，所以淬透性好，即使以缓慢冷却速度（如油冷）也能获得马氏体组织，马氏体多呈丛集状，马氏体针叶的长度和评级方法同碳素工具钢，一般以马氏体不大于 2～3 级为合格。对于量具和刃具，为获得高硬度和耐磨性常采用低温回火，回火后组织为回火马氏体＋细小颗粒碳化物，见图 11-15 所示。对合金量具钢的热处理要进行冷处理和低温人工时效，以减少残留奥氏体含量，充分消除应力，使量具尺寸稳定。

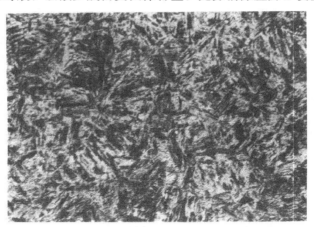

图 11-15　3Cr2Mo 钢 850℃淬火的组织 （500×）

三、实验仪器及材料

1. 实验仪器

数码金相显微镜，金相摄影软件。

2. 实验材料

碳素工具钢试样，合金工具钢试样。

四、实验内容及步骤

1. 观察各种碳素工具钢、合金工具钢的典型组织。

2. 对照国家标准进行评级。

3. 画出组织示意图，在图中注明各组织组成物。

五、实验报告及要求

1. 写出实验目的。

2. 写出碳素工具钢、合金工具钢的分类、主要牌号及金相检验内容。

3. 画出碳素工具钢、合金工具钢的球化退火组织、脱碳层组织、二次碳化物网状组织、淬火后的组织和回火后的组织，并标明其中的组织。

4. 评定级别的试样须注明评定项目与级别，学会使用国家标准判断各种组织的级别并作出相应判断。

六、思考题

1. 碳化物不均匀度对钢的性能有何影响？碳化物不均匀度如何评定？

2. 碳素工具钢中石墨碳的特征及产生的原因？

实验十二　轴承钢的组织观察与检验

　　轴承在高速运转的同时承受高而集中的交变载荷，接触应力大，同时又因滚珠与轴承套之间的接触面积很小，工作时不但有转动还有滑动，从而产生强烈的摩擦现象。轴承钢适合于制造各种不同工作环境的各类滚动轴承套圈和滚动体。

一、实验目的及要求

1. 掌握轴承钢的金相检验方法。
2. 正确分析轴承钢的各种常见组织和缺陷。

二、实验原理

轴承钢常见牌号有：高碳高铬轴承钢，以 GCr15、GCr15SiMn 钢为代表；渗碳轴承钢，以 25 钢、15Mn、G20CrMo、G20Cr2Ni4 钢为代表；不锈钢轴承钢，以 9Cr18、1Cr18Ni9、1Cr17Ni2 和 Cr13 为代表；耐腐蚀、高温轴承钢，以 Cr4Mo4V、W18CrV、W6Mo5Cr4V2 为代表，中碳轴承钢，以 65Mn、55SiMoV 为代表；防磁轴承钢，以 25Cr18Ni10W、70Mn18Cr4W2MoV 为代表。轴承钢中的 $w(C)$ 在 1% 左右，$w(Cr)$ 在 0.5%～1.65%，其中 $w(Cr)$ 在1.5%的 GCr15 钢应用最为广泛。GCr15 钢具有高强度、高弹性极限、高的硬度和耐磨性，以及良好的接触疲劳强度和良好的淬透性，同时还具有一定的韧性和抗腐蚀能力，热处理工艺也较为简单等优点。轴承钢中的铬元素除能提高淬透性外，还是碳化物形成元素，在过共析钢中会显著改变钢种碳化物的形态、颗粒大小，而且还将置换铁形成铬的合金渗碳体。

轴承钢对原材料质量要求较高，要求材料严格控制杂质和有害成分，并且化学成分要均匀一致。为消除成分偏析和初步成型，均需进行锻造，锻后组织为细珠光体不利于切削。为改善切削和热处理后的组织，一般进行球化处理。

1. 低倍组织

轴承钢应当进行低倍组织检查。检验中心疏松、一般疏松和偏析。经酸浸的试样应当无缩孔、裂纹、皮下气泡、过烧、白点及有害夹杂物，见图 12-1 所示。

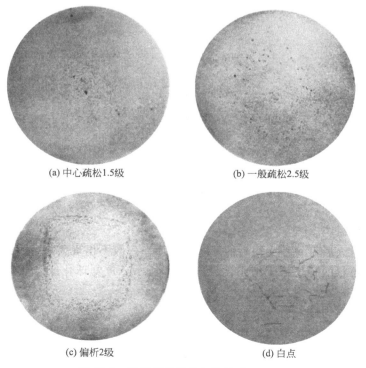

(a) 中心疏松1.5级　　　　　　　　(b) 一般疏松2.5级

(c) 偏析2级　　　　　　　　　　(d) 白点

图 12-1　轴承钢的低倍组织缺陷（1×）

2. 断口

退火后的断口必须晶粒细致，无缩孔、裂纹和过热现象；淬火断口（硬度不低于 HRC60）目视不得出现下列缺陷：出现多于一处长度 1.6～3.2mm 的非金属夹杂物；出现一处长度大于 3.2mm 的非金属夹杂物；出现疏松、缩孔及内裂。

3. 非金属夹杂物

非金属夹杂物的含量应尽量少。具体见表 12-1 要求。

表 12-1　轴承钢非金属夹杂物合格级别

非金属夹杂物类型	合格级别 ≤	
	细系	粗系级
A	2.5 级	1.5 级
B	2.0 级	1.0 级
C	0.5 级	0.5 级
D	1.0 级	1.0 级

4. 显微孔隙

在淬火后的纵向磨光面放大 100 倍评定，不得超过图 12-2 所示级别。

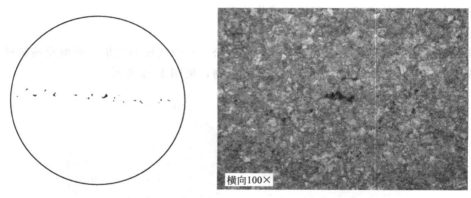

横向100×

图 12-2　轴承钢的显微孔隙（100×）

5. 碳化物液析

碳化物液析在 100× 下进行评级，并在高倍下观察形态以作出判断。在 500× 中出现的白块属于碳化物的液析易造成裂纹，见图 12-3 所示。

6. 显微组织

（1）球化退火组织

轴承钢球化退火后得到细小均匀的球状珠光体，一般不出现欠热、过热现象。由于合金元素的作用，球粒状的碳化物较细小，见图 12-4 所示。重复球化或者球化温度过高出现碳化物颗粒变大或者片状组织，见图 12-5 所示。

（2）碳化物不均匀性

一般轴承钢允许能出现带状的碳化物偏析。在反复锻打后，碳化物应当分布均匀，出现带状组织易造成开裂。在评定时应当评定最严重的区域，并评定带状的宽度，如图 12-6 所示。

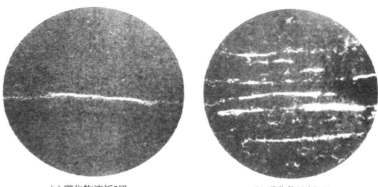

(a) 碳化物液析3级   (b) 碳化物液析5级

图 12-3 轴承钢的碳化物液析（100×）

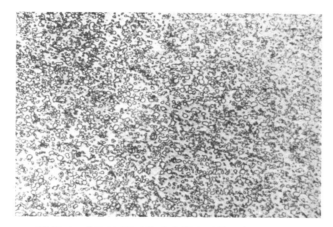

图 12-4 GCr15 钢正常球化退火后的组织（500×）

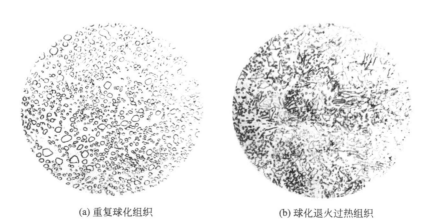

(a) 重复球化组织   (b) 球化退火过热组织

图 12-5 GCr15 钢球化不良组织（500×）

（3）表面脱碳层

测量脱碳层的厚度可以用金相法（最常用）、显微硬度法（判定依据）和化学分析法测定，见图 12-7 所示。

（4）网状碳化物组织

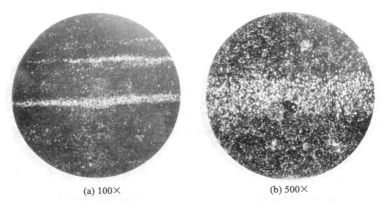

(a) 100×   (b) 500×

图 12-6   轴承钢的碳化物带状偏析 4 级

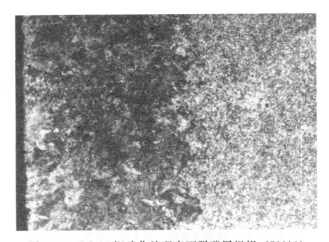

图 12-7   GCr15 钢球化处理表面脱碳层组织（500×）

在回火时，二次碳化物会从马氏体组织中析出，若工艺处理不当会呈网状分布。在检验时主要看二次碳化物网的封闭程度，见图 12-8 中二次碳化物成网状分布，增加了材料的脆性。

图 12-8   GCr15 钢淬火回火后白色网状的碳化物（400×）

（5）淬火回火组织

轴承钢淬火组织为隐针马氏体＋针状马氏体＋颗粒状碳化物＋残余奥氏体，见图 12-9 所示。淬火后组织出现黑白区域原因是合金元素的微区分布偏析，造成 M_s 点不一致，先出现黑色隐针马氏体，后形成白色针状马氏体，白色颗粒状碳化物分布其间。在淬火时，当加热温度不足或者淬火冷速不足时，材料内部会出现托氏体组织，见图 12-10 所示。GCr15 钢正常回火组织为回火马氏体＋颗粒状碳化物，见图 12-11 所示。

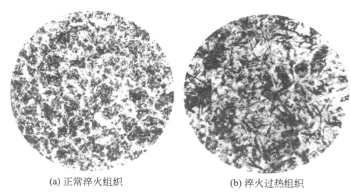

(a) 正常淬火组织　　　　　　　　　(b) 淬火过热组织

图 12-9　GCr15 钢淬火后的组织（400×）

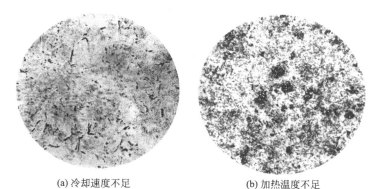

(a) 冷却速度不足　　　　　　　　　(b) 加热温度不足

图 12-10　GCr15 钢淬火产生托氏体组织（400×）

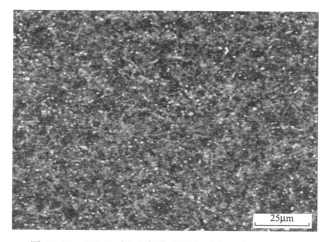

图 12-11　GCr15 钢正常淬火回火后的组织（500×）

7. 评级原则

所有显微检验和宏观检验均在检验面上以最严重视场和区域为评级依据。参考标准：JB/T 1255—2001《高碳铬轴承钢滚动轴承零件热处理技术条件》，GB/T 18254—2002《高碳铬轴承钢》。

三、实验仪器及材料

1. 实验仪器

数码金相显微镜，金相摄影软件。

2. 实验材料

轴承钢原材料试样，轴承钢球化后试样，轴承钢淬火、回火后的试样。

四、实验内容及步骤

1. 观察轴承钢的各种状态的显微组织。

2. 根据每个试样的实验内容画出组织图。

3. 根据相应检验标准评定级别，标明放大倍数。

五、实验报告及要求

1. 写出实验目的。

2. 写出轴承钢的分类、主要牌号及金相检验内容与相关组织。

3. 画出轴承钢原始状体的组织、球化退火组织、脱碳层组织、二次碳化物网状组织、淬火后的组织和回火后的组织，并标明其中的组织。

4. 评定级别的试样须注明评定项目与级别，学会使用国家标准判断各种组织的级别并作出相应判断。

六、思考题

GCr15 球化退火后、淬火后、淬火加低温回火后的金相组织是什么？

实验十三　弹簧钢的组织观察与检验

弹簧钢是用于制造各种弹性元件的专用结构钢，具有弹性极限高，足够的韧性、塑性和较高的疲劳强度。弹簧钢中加入的合金元素主要有硅和锰，目的是为提高淬透性。目前，我国生产的弹簧钢主要有碳素钢、锰钢、硅锰钢、铬硅钢、铬合金钢等几类。

一、实验目的及要求

1. 掌握弹簧钢的金相检验方法。

2. 正确分析弹簧钢的各种常见组织和缺陷。

二、实验原理

1. 弹簧钢的分类

弹簧钢一般分为：碳素弹簧钢，锰弹簧钢，硅锰弹簧钢，硅铬弹簧钢和铬合金弹簧钢。常用弹簧钢的牌号有：冷拔钢丝 T8MnA、65Mn，碳素钢 65、65Mn、70Mn，硅铬系的 60SiCrA、60Si2CrVA，硅锰系的 60Si2Mn，退火态使用的 50CrVA、60Si2MnA、65Si2MnWA 等。常用弹簧钢的牌号、热处理规范和力学性能见表 13-1。

表 13-1　常用弹簧钢的牌号、热处理规范和力学性能

钢号	淬火温度 /℃	冷却介质	淬火后硬度 (HRC)	回火温度 /℃	回火后硬度 (HRC)	力学性能			
						R_m /(N/mm²)	R_{eL} /(N/mm²)	$A/\%$	$Z/\%$
70	820~830	油	60~64	380~400	45~50	1029	833		30
70(ϕ>30)	800~810	水	60~63	380~400	45~50	—	—		—
65Mn	830 810~830	油 油	— 60~63	480 380~400	— 45~50	980	784		30
60Si2MnA	870 860~870	油 油	— 61~65	460 430~460	— 45~50	1274	1176		25
60Si2MA (ϕ>30)	830~840	水	61~65	430~460	45~50	—	—		—
50CrVA	850 860~870	油 油	59~62 59~62	520 370~400	— 45~50	1274	1078	0	45 —

（1）碳素弹簧钢

碳素弹簧钢 w(C) 在 0.6%～0.9% 之间，热处理后可以得到高的强度，且具有适当的塑性和韧性。由于碳素钢的淬透性较差，故只能用于制造小尺寸的板簧或螺旋弹簧，热处理后的组织为回火托氏体。细小的碳素弹簧钢带及钢丝常用来制造钟表、仪器及阀门上的弹簧。这类冷拉钢丝需经过特殊工艺处理（铅浴等温淬火），即通过 920℃ 加热拉伸或轧制后，在 420～550℃ 铅浴中等温淬火，再经冷拉，其总变形量可达 85%～90%，而且不引起断裂。通过二次强化处理的钢丝，其抗拉强度可达 2156～2450N/mm²。它的组织是沿拉伸方向分布的纤维状回火索氏体及托氏体。应用这种钢材制成的弹簧，一般先经冷缠成形，然后再 200～300℃ 加热回火消除内应力，使之定形，称之为定形处理。

（2）锰弹簧钢

锰弹簧钢与碳钢相比，优点是淬透性和强度比较高，但比硅锰钢的强度和弹性极限要低，同时屈强比也小。锰钢表面脱碳倾向小，缺点是有过热敏感性和回火脆性，淬火时容易开裂。这类钢用于绕制截面较小的弹簧。

（3）硅锰弹簧钢

钢中加入硅可以显著地提高弹性极限和屈强比。硅能缩小 γ 区，提高 A_3 和 A_1 点，使共析点 S 移向低碳部位。同时硅能提高淬透性，使 M_s 点降低。含硅弹簧钢要求高的淬火温度和退火温度。由于这类钢的珠光体转变在较高温度下进行，所以在一般的退火条件下，可获得较细的珠光体。硅能产生固溶强化作用，可显著地提高钢的强度和硬度。同时硅还能降低碳在铁素体中的扩散速度，使马氏体在回火时能延缓碳化物的析出和聚集长大，从而增加了淬火钢的耐回火性。硅又是强烈的促进石墨化的元素，故这类钢容易在退火过程中发生石墨化现象。同时这类钢加热时的脱碳倾向较大，钢中的含硅量过高，易生成硅酸盐夹杂物。在钢中同时加入硅和锰元素，可以发挥各自优点，减少彼此的缺点，因此硅锰弹簧钢得到了广泛的应用。

在硅锰钢的基础上，加入钨元素，可显著提高硅锰钢的淬透性，65Si2MnWA 钢的直径达 50mm 的弹簧可在油中淬透。同时由于钨元素的加入，形成钨的碳化物，从而阻碍淬火

加热时奥氏体晶粒的长大，在较高温度下淬火仍可获得细小的显微组织，从而明显地提高弹簧的综合力学性能。

（4）硅铬弹簧钢

在硅钢中加入铬和钒元素（60Si2CrVA 钢），使钢能获得较高的淬透性，能使 φ50mm 弹簧在油中可淬透，同时又因铬和钒的碳化物能阻止奥氏体晶粒的长大，所以这类钢的过热敏感性及脱碳倾向均较小。这类钢与 60Si2Mn 钢的塑性相近时，其强度和屈服点比 60Si2Mn 钢高。在硬度相同的情况下，冲击韧度较好。鉴于这类钢耐回火性高，力学性能比较稳定，因此适用于制造 300～350℃ 范围内使用的耐热弹簧及承受冲击应力的弹簧。

（5）铬合金弹簧钢

50CrVA 钢是典型的气阀弹簧钢，直径为 30～40mm 气阀弹簧能在油中淬透。为使 50CrVA 钢具有良好的塑性和冲击韧度，其含碳量较 60Si2Mn 钢为低。铬元素除能提高淬透性和形成合金碳化物，同时还能降低碳在 α-Fe 中的扩散速度，提高了钢的耐回火性，使钢能在较高温度回火后仍具有理想的强度和硬度，而且韧性较好。钒元素可在钢中形成稳定的 V_4C_3 碳化物，不但可细化晶粒，而且减少钢的过热倾向。鉴于 50CrVA 钢有较好的耐回火性，因此在较高温度（300℃）下长期工作仍有比较稳定的强度和韧性。

弹簧钢丝成材过程的强化处理工艺有：冷拉后淬火加中温回火，组织为回火托氏体；"铅淬"后冷拔处理。铅淬工艺：即将热轧钢材加热到奥氏体状态后，淬入到 450～550℃ 的熔化铅液中作等温处理，得到冷拉性能很好的回火索氏体，最后通过一系列冷拔得到需要的钢丝，这种钢丝组织为纤维状的形变索氏体。

2. 弹簧钢的热处理

弹簧钢热处理工艺主要有两种。

① 淬火＋中温回火处理　适用于热成型的热轧弹簧钢和冷卷成型的冷拉退火弹簧钢。中温回火得到回火托氏体组织，具有较高的弹性极限与屈服强度，同时具有足够的韧性和塑性。

② 低温去应力退火　适用于冷拉弹簧钢或油淬回火钢丝冷盘成型的弹簧。

3. 弹簧钢的组织检验

弹簧钢的金相检验内容如下。

（1）石墨碳和非金属夹杂物检验

石墨碳呈黑色小球状，原因是：材料中的硅元素强烈地促进石墨化，当材料反复加热后碳元素游离析出造成的，抛光时脱落形成孔洞，见图 13-1 所示。按照 GB/T 13302—1991《钢中石墨碳显微评定方法》进行评级。

（2）表面脱碳层检验

弹簧钢的全脱碳层铁素体晶粒度大小不均匀，原因是：弹簧钢达到临界变形度时，再结晶造成晶粒聚集长大，图 13-2 中表层脱碳层中大小不一的铁素体晶粒。弹簧钢脱碳层的检验按照 GB/T 224—2008《钢的脱碳层深度测定法》进行。

（3）显微组织检验

弹簧钢的球化退火处理工艺组织为球状珠光体。在拉拔时必须进行球化退火处理以提高塑韧性，利于冷变形加工处理，见图 13-3 所示。

冷拉碳素弹簧钢丝（包括冷拉 65Mn 弹簧钢）在冷拉处理前经过索氏体（细珠光体）转

图 13-1 70Si3MnA 钢原材料中的石墨碳（500×）

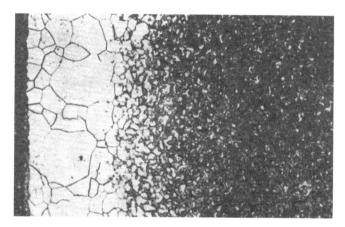

图 13-2 60Si2MnA 钢淬火回火后的脱碳层（500×）

图 13-3 65Mn 钢球化正常退火组织（500×）

变（俗称铅淬）处理，见图 13-4；冷拉后组织成纤维状的索氏体（细珠光体），见图 13-5。

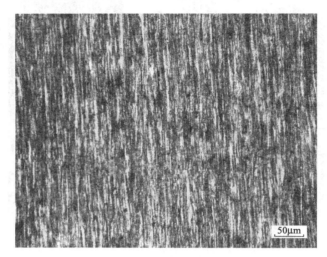

图 13-4　65Mn 钢铅淬后的组织（500×）

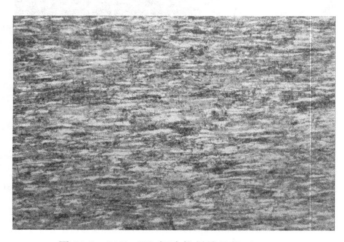

图 13-5　50CrVA 钢冷拉纤维组织（500×）

　　弹簧钢含碳量及合金元素含量较高，淬火组织为针状马氏体；回火温度采用中温回火，组织为回火托氏体。在检验时注意淬火马氏体针叶以及回火托氏体组织的级别，图 13-6 中属于中等 2 级较细马氏体级别（局部存在托氏体组织），图 13-7 中回火程度属于 2 级为较细回火托氏体。在测定马氏体针级别时应当进行浅侵蚀，测量大多数马氏体针的长度。

　　弹簧的表面质量对疲劳性能有较大的影响，为了改变弹簧的表面状态，一般可采取喷丸强化处理，使弹簧表面发生塑性变形，处于压应力状态。通过这种处理，可减轻弹簧的表面缺陷以及应力集中地区对疲劳寿命的影响，大大提高弹簧的耐疲劳性能。如图 13-7 中（a）所示，60Si2Mn 钢在淬火回火后表面喷丸处理，弹簧表面因严重塑性变形而产生的一薄层白亮变形强化层，只有在样品制备十分完善的情况下，才能完整清晰地显示出来。根据现有资料认为：弹簧钢喷完后表面残余压应力在 250MPa 左右比较合适，当残余压应力超过这一值时，将使表面脆性增大，从而在使用时易产生脆断事故，见图 13-7 中黑细线为表面喷丸后在做疲劳试验时产生的显微裂纹。

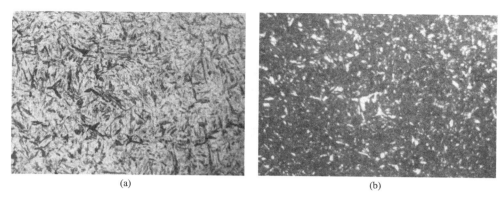

图 13-6 60Si2Mn 钢 860℃ 油淬组织（a）和 450℃ 回火组织（b）（500×）

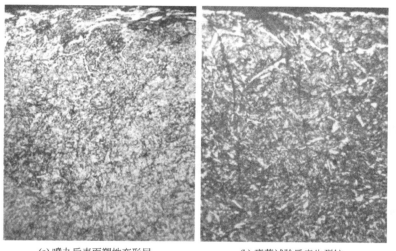

(a) 喷丸后表面塑性变形层　　　　　　(b) 疲劳试验后产生裂纹

图 13-7 60Si2Mn 钢 860℃ 油淬 460 ℃回火后，表面喷丸（500×）

4. 金相检验标准

主要检验标准有：GB/T 10561—2005《钢中非金属夹杂物含量的测定》、GB/T 13302—1991《钢中石墨碳显微评定方法》、GB/T 224—2008《钢的脱碳层深度测定法》、JB/T 10591—2007《内燃机气门弹簧技术条件》和 QC/T 528—1999《汽车钢板弹簧金相检验标准》。

三、实验仪器及材料

1. 实验仪器

数码金相显微镜，金相摄影软件。

2. 实验材料

65Mn，60Si2Mn，60Si2MnA、50CrVA 钢退火态、淬火态和回火态试样若干。

四、实验内容及步骤

1. 观察弹簧钢的各种状态的显微组织。

2. 根据每个试样的实验内容画出组织图。

3．根据相应检验标准评定级别，标明放大倍数。

五、实验报告及要求

1．写出实验目的。

2．写出弹簧钢的分类、主要牌号及金相检验内容与相关组织。

3．画出弹簧钢原始状体的组织、球化退火组织、脱碳层组织、石墨碳组织、淬火后的组织和回火后的组织，并标明其中的组织。

4．评定级别的试样须注明评定项目与级别，学会使用国家标准判断各种组织的级别并作出相应判断。

六、思考题

60Si2Mn 正常退火后、淬火后、淬火加中温回火后的金相组织是什么？

实验十四　　高速钢的组织观察与检验

高速钢是一种具有高硬度、高耐磨性和高耐热性的工具钢，又称高速工具钢或锋钢，以能进行高速切削而得名。在高速切削时，车刀温度能达到 500～600℃，而碳素工具钢、合金工具钢刀具在 250～300℃ 时硬度将显著降低，失去切削能力。因此要求：高速钢具有较高的硬度、耐磨性和红硬性；在高速切削时，刃部受热至 600℃ 左右，硬度仍未明显减低；制成的刀具在 600℃ 加热 4h 后冷却到室温，硬度仍能大于 62HRC。随着切削加工的切削速度和走刀量不断提高，以及高硬度、高强度新材料的应用愈来愈多，对刃具的要求不断提高，导致出现了超硬高速钢（68～70HRC）。

一、实验目的及要求

1．掌握高速钢的金相检验方法。

2．正确使用金相标准，对金相组织进行评级。

二、实验原理

1．高速钢的分类

高速钢的主要成分特点含有 C、W、Cr、V、Mo、Co、Al 等合金元素，以提高热处理时的高淬透性和红硬性。

常用牌号及分类如下所述。

（1）W 系高速钢（如 W18Cr4V）

含 W 元素的质量分数在 12%～18% 之间。W 元素是提高高速钢红硬性的主要元素，能强烈地形成碳化物，有强烈的细化晶粒的作用。该种钢淬火温度范围较广，不易过热，回火过程中析出的钨碳化物弥散分布于马氏体基体上，与钒的碳化物一起造成钢的二次硬化效应。W 系高速钢是使用最早和使用较广的钢种。但是该种钢的碳化物不均匀度较为严重，热塑性较差，不易热塑成型，同时钨含量较高，不经济。取而代之的是 W-Mo 系高速钢。

（2）W-Mo 系高速钢（如 W6Mo5Cr4V2）

Mo 元素在钢中的作用同 W 相似，能够提高钢的淬透性和红硬性，提高钢的强度，造成二次硬化，按照质量百分比计算 1%Mo 可代替 2%W。Mo 能降低钢结晶时的包晶反应温度，锻造后碳化物不均匀度较好。但是钢的晶粒易于长大，过热敏感性高，故淬火加热温度范围较窄。含 Mo 的高速钢退火时脱碳倾向较大，而且由于含有较多的 V，钢的磨削性能较差。

（3）高碳高钒高速钢（如 W6MoCr4V3）

V 元素是造成高速钢红硬性的主要元素之一，也是强碳化物形成元素。在提高 V 含量的同时，必须相应提高 C 含量，以形成 V 的碳化物。由于 VC 具有较高的硬度和耐磨性，因此钢的可切削性能差，只用于制造形状简单的刀具。

（4）Co 高速钢（如 W2Mo9Cr4VCo8）

Co 元素是非碳化物形成元素，能够提高钢的合金度及红硬性。该钢的硬度可达 68～70HRC，被称为超硬高速钢。切削能力及红硬性大大提高。适合于制造加工硬材料、高强度、高韧性材料和在冷却条件不良情况下加工的切削刀具。

（5）Al 高速钢（如 W10Mo4Cr4V3Al）

Al 元素的加入改善了钢的脆性，并使刀具切削时不产生粘刀现象。该钢的缺点是脱碳倾向大，磨削性能差。

2. 高速钢的显微组织

（1）铸态组织

高速钢属莱氏体钢类型，高速钢铸锭冷却较快，合金元素来不及扩散，一般得不到平衡组织，在包晶反应区包晶转变不完全，保留 δ 相析出细小的碳化物，成为"黑色组织"，它是马氏体与托氏体的混合组织。在 γ 相区未进行共析转变，成为"白色组织"，主要是以马氏体组成。δ 相过冷与液相反应形成共晶莱氏体，形态为骨骼状，见图 14-1。骨骼状莱氏体的粗细影响碳化物均匀度。较细小的莱氏经体锻轧、退火后可获得较均匀的碳化物。

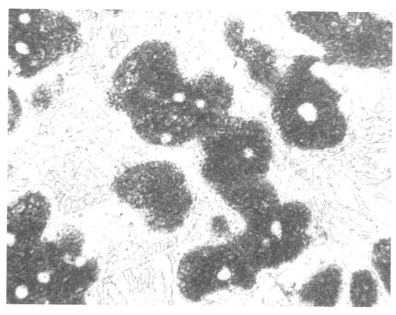

图 14-1　W18Cr4V 钢铸态组织（500×）

（2）退火组织

高速钢退火状态组织为索氏体和碳化物。退火组织要进行脱碳层深度测定。组织评定用 JB/T 4290—1999《高速钢锻件技术条件》进行取样和评级。W18Cr4V 钢热轧后退火脱碳层组织见图 14-2 所示。

图 14-2　W18Cr4V 钢热轧后退火脱碳层组织（500×）

（3）淬火组织和晶粒度

高速钢淬火后的显微组织为马氏体、碳化物及体积分数在 30％左右的残余奥氏体。马氏体成隐针状，侵蚀后呈白色。淬火晶粒度大小是检验热处理质量的重要标志。

① 淬火正常组织　组织为隐针马氏体＋残余奥氏体，晶粒度相当于 8、9、10 级，见图 14-3(a)。

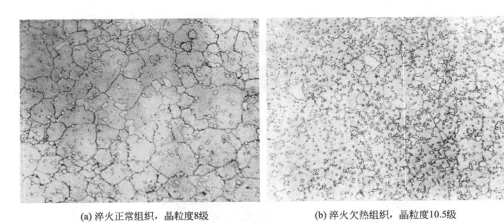

(a) 淬火正常组织，晶粒度8级　　　　　(b) 淬火欠热组织，晶粒度10.5级

图 14-3　W18Cr4V 钢淬火后的组织（500×）

② 淬火欠热组织　加热温度不足，二次碳化物未全部溶解，使得奥氏体合金化程度不够，导致刀具的红硬性降低，晶粒度相小于 10 级，见图 14-3(b)。

③ 淬火过热、过烧组织　淬火过热时表现为：晶粒较粗大 [晶粒度高于 8 级，见图 14-4(a)]；出现粗针状马氏体 [一般高速钢淬火马氏体不易显现，需略微回火或者制样时造成回火显示出来，见图 14-4(b) 所示]；出现网状碳化物 [过热时碳化物易网状析出，见图 14-4(c)]；碳化物堆积 [碳化物堆积时，降低了钢的熔点，淬火时容易局部过热，见图 14-4(d)

所示]。当晶界处出现灰色共晶莱氏体及大块状黑色托氏体组织，则属于典型的淬火过烧组织，见图 14-5（a）。加热温度较高，在晶界出现熔化状态，在随后的冷却过程中转变为莱氏体。

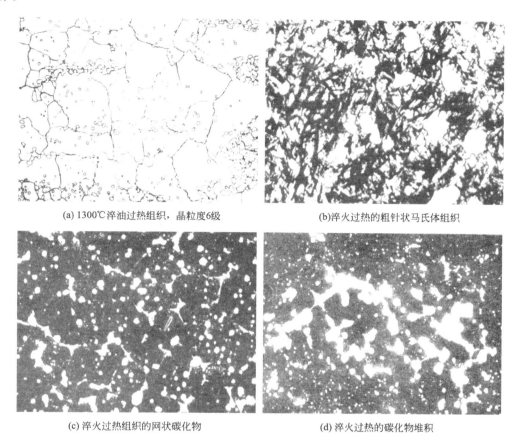

(a) 1300℃淬油过热组织，晶粒度6级

(b)淬火过热的粗针状马氏体组织

(c) 淬火过热组织的网状碳化物

(d) 淬火过热的碳化物堆积

图 14-4 W18Cr4V 钢淬火后的组织 （500×）

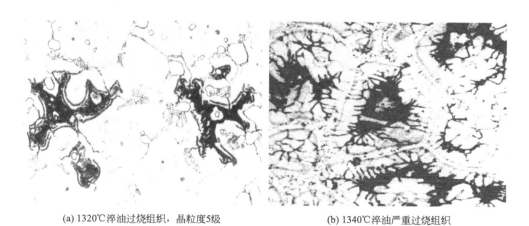

(a) 1320℃淬油过烧组织，晶粒度5级

(b) 1340℃淬油严重过烧组织

图 14-5 W18Cr4V 钢淬火后的组织 （500×）

当加热温度进一步提高，在晶界处出现网络状共晶莱氏体，大块黑色为托氏体，部分黑色托氏体包围中间的灰白色块状区是高温铁素体，属于严重过烧组织，见图 14-5（b）所示。

当奥氏体晶粒在重复加热后会变得特别粗大，敲断工件后断口呈萘状断口，其金相组织见图14-6所示。萘状断口是指高速钢重复加热淬火而不进行中间退火后，奥氏体晶粒特别粗大，敲断后断口呈萘状。金相组织特征是极粗大的晶粒，这种组织使刀具变脆，是不允许存在的缺陷。

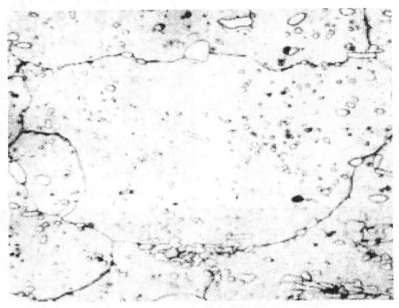

图 14-6　W18Cr4V 钢淬火后的组织（500×）

（4）回火组织

回火显微组织为回火马氏体、碳化物和残留奥氏体。

① 回火程度　高速钢淬火后有大量残留奥氏体，需进行三次回火。正常回火后，侵蚀后应观察不到奥氏体晶粒，见图14-7。

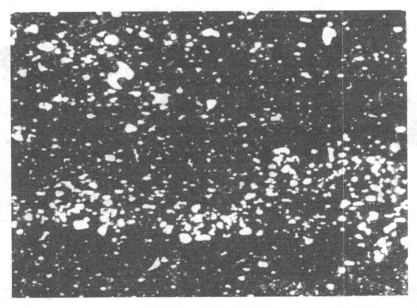

图 14-7　W18Cr4V 钢淬火后 560℃回火三次后的正常组织（500×）

② 回火过热组织　以晶粒边界碳化物的溶解程度和在冷却过程中析出网状程度来确定过热组织。在图 14-8 中在晶界处析出呈线段状碳化物与颗粒状碳化物连在一起。从晶界处析出的碳化物依其过热严重的程度可分为线段状、半网状及网状。过热组织的刀具能获得较高的硬度和热硬性，所以形状简单的刀具允许有线段状的过热组织，但过热组织往往使刀具产生较大的变形甚至皱皮，故较精密的刀具不允许有过热组织。

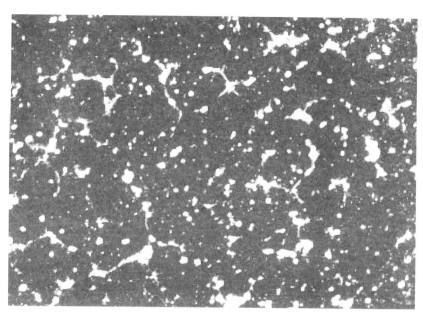

图 14-8　W18Cr4V 钢淬火＋回火过热组织（500×）

③ 回火过烧　出现铸态黑色组织及共晶莱氏体。过热与过烧的区别是：过热组织主要出现次生莱氏体（呈细小骨骼状存在于晶界）。在图 14-9 中，W18Cr4V 钢在淬火回火后的

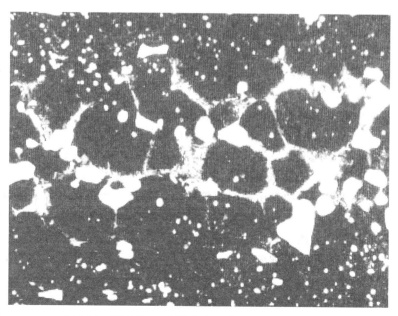

图 14-9　W18Cr4V 钢淬火＋回火过烧组织（500×）

组织为：回火马氏体＋次生莱氏体＋棱角状碳化物。由于加热温度较高，晶界已开始熔化，冷却析出的次生莱氏体已构成网状分布。由于淬火加热温度过高，晶粒边界已明显发生熔化，次生莱氏体沿晶界析出，属于典型的回火过烧组织。

3. 高速钢的金相检验

（1）原料共晶碳化物不均匀度

细小共晶莱氏体的粗细直接影响到碳化物不均匀度的严重程度，莱氏体粗大，锻轧后得到较严重的碳化物不均匀度，因此铸造时应加大冷却速度，细化莱氏体组织。按照 GB/T 9943—1988《高速工具钢棒技术条件》及 GB/T 14979—1994《钢的共晶碳化物不均匀度评定法》进行。W18Cr4V 钢铸态网状共晶碳化物组织如图 14-10 所示。

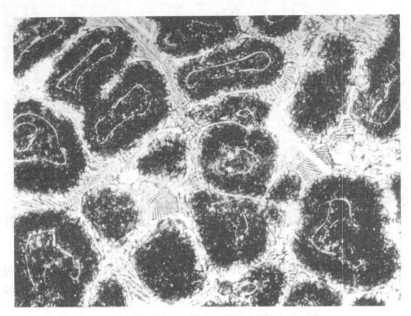

图 14-10　W18Cr4V 钢铸态网状共晶碳化物组织（500×）

（2）脱碳层的检验

分为退火脱碳和淬火脱碳，见图 14-11 中 W18Cr4V 钢淬火后的脱碳层中出现柱状铁素体组织，同时硬度较心部偏低。

（3）锻造后碳化物不均匀程度及大块状碳化物

高速钢铸造状态的共晶网状碳化物组织，经过锻轧等热加工后可使部分网状组织破碎。若热加工变形量大，碳化物堆集呈带状，见图 14-12(a)；若热加工变形量较小，则碳化物呈较完整的网状，见图 14-12(b)。碳化物不均匀度严重时，将造成工具在锻造或热处理时开裂、过热及变形，在使用过程中易出现崩裂等缺陷，为此必须检查和控制碳化物不均匀度。高速钢在锻打完毕后或者热处理后存在棱角状的大块碳化物，将造成工具脆性增大，容易产生崩刃现象；在热处理时，由于大块状碳化物附近碳元素及合金元素的富集，容易造成过热、回火不足甚至沿晶界开裂等缺陷产生。在图 14-13 所示的大块状碳化物周围成分偏析，能够清晰可见马氏体针。

（4）晶粒度评定

一般在淬火后的晶粒度界别为 8、9、10 级合格，参照 JB/T 9730—1999《W6Mo5Cr4V2、

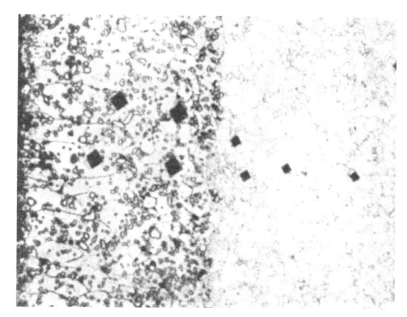

图 14-11　W18Cr4V 钢 1280℃加热淬火脱碳层（500×）

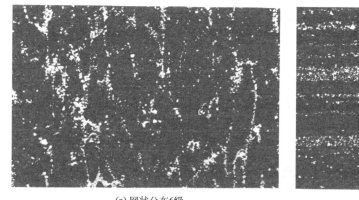

(a) 网状分布6级

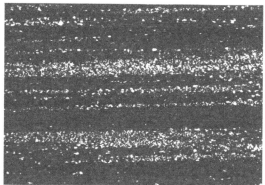

(b) 带状分布6级

图 14-12　W18Cr4V 钢碳化物分布（500×）

W18Cr4V 钢针阀金相检验淬火后晶粒度第四级别图》。

（5）过热程度

淬火过热程度可从晶粒度及二次碳化物的数量进行判定。一般过热组织中晶粒度较大，二次碳化物溶解较多，残留数量减少。

（6）回火程度的评定

高速钢由于淬火后存在大量残余奥氏体，故在 3 次回火后组织内部无残余奥氏体，观察不到奥氏体晶粒，无碳化物网析出。

三、实验仪器及材料

1. 实验仪器

数码金相显微镜，金相摄影软件。

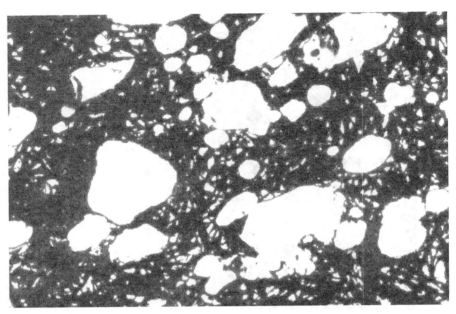

图 14-13　W18Cr4V 钢大块碳化物（500×）

2. 实验材料

W18Cr4V 钢和 W6Mo5Cr4V2 钢铸态、退火态、淬火态和回火态试样若干。

四、实验内容及步骤

1. 观察高速钢的各种状态的显微组织。

2. 根据每个试样的实验内容画出组织图。

3. 根据相应检验标准评定级别，标明放大倍数。

五、实验报告及要求

1. 写出实验目的。

2. 写出高速钢的分类、主要牌号及金相检验内容与相关组织。

3. 画出高速钢原始状体的组织、球化退火组织、脱碳层组织、淬火后的组织和回火后的组织，并标明其中的组织。

4. 评定级别的试样须注明评定项目与级别，学会使用国家标准判断各种组织的级别并作出相应判断。

六、思考题

1. 高速工具钢有哪些种类，高速工具钢回火过热、过烧组织特征是什么？

2. 什么是萘状断口组织，它的造成原因是什么？

实验十五　模具钢的组织观察与检验

　　模具是机械制造、无线电仪表、电机、电器等工业部门中制造零件的主要加工工具。模具钢按照模具的使用条件可以分为冷作模具钢、热作模具钢和塑料专用模具钢。

一、实验目的及要求

1. 掌握模具钢的金相检验方法。
2. 正确使用金相标准，对金相组织进行评级。

二、实验原理

常用的冷作模具钢有 Cr12 钢、Cr12MoV 钢、65Nb 钢、012Al 钢、CrWMn 钢、9SiCr 钢、CG-2 钢、GD 钢、GM 钢等，热作模具钢有 3Cr2W8V 钢、5CrMnMo 钢、5CrNiMo 钢、3Cr2W8V 钢、GR 钢、Y4 钢、Y10 钢、4Cr5MoV1Si（H13）钢、3Cr3MoNb（B43）钢等，塑料专用模具钢主要有 30Cr2Mo（P20）钢、8Cr2MnWMoVS（8Cr2S）钢、5CrNiMnMoVSCa（5NiSCa）和 PMS 钢。

1. 冷作模具钢

冷作模具钢用于金属或非金属材料的冲裁、拉深、弯曲、冷镦、滚丝、压弯等工序。冷作模具钢的技术要求为高硬度、高强度、良好的耐磨性，足够的韧性和小的热处理变形量。冷作模具钢显微组织特点为热处理后要有一定量的剩余碳化物，碳化物分布均匀、形态圆整、细小；马氏体均匀细致（能抑制细微裂纹形成，增加板条马氏体能提高强韧性）；奥氏体晶粒均匀细小。Cr12 钢是常用的冷作模具钢，属高铬微变形模具钢，经常用于制造高耐磨、微变形、高负荷服役条件下的冷冲模具和工具。Cr12 钢因含铬量高使钢的淬透性很好。因为组织中含有大量共晶碳化物，故又称为莱氏体钢。大量碳化物的存在不仅使硬度很高，而且能阻止晶粒长大。可以通过控制淬火加热温度来控制合金元素向奥氏体的溶解量，从而使模具得到微变形甚至不变形。残留奥氏体量的多少与模具的变形量密切相关，因此针对不同要求，通过制定相应热处理工艺来控制淬火后的残留奥氏体量，以满足生产上的不同要求。由于 Cr12 型莱氏体钢在铸态下共晶碳化物呈网状，碳化物的不均匀性较严重，增大了钢的脆性，需要反复锻造加以改善；在锻后应进行球化退火处理。Cr12 钢锻造退火后的组织为索氏体加块粒状碳化物。热处理特点：淬火温度较高（1100～1160℃分级淬火），回火温度高（520～600℃，三次回火）。在淬火回火状态都仍会残留有较大的淬火应力，因此淬火后回火必须充分，否则易在磨削和服役中开裂。

冷作模具钢的金相检验项目如下。

（1）共晶碳化物不均匀度

冷作模具钢的共晶碳化物不均匀度包括铸造状态和锻造处理后的碳化物不均匀度。铸态的 Cr12 钢莱氏体组织粗大（类似于高速钢铸态组织，见图 14-10 所示），不能直接热处理使用。同高速钢的组织类似，经过锻轧等热加工后可使 Cr12 钢的部分网状碳化物组织破碎。若热加工变形量大，碳化物堆集呈带状；若热加工变形量较小，则碳化物呈较完整的网状。碳化物不均匀度严重时，将造成工具在锻造或热处理时开裂、过热及变形，在使用过程中易出现崩裂等缺陷，为此必须检查和控制碳化物不均匀度。在检验时按照 GB/T 1299—2000《合金工具钢技术条件》标准第四级图评定，见图 15-1 所示。

（2）珠光体球化

冷作模具钢在进行淬火处理前应当进行球化处理，见图 15-2 所示，组织为索氏体＋块状共晶碳化物＋颗粒状二次碳化物。

（3）二次碳化物网

二次碳化物网网状碳化物形成原因主要是停锻温度较高冷却又较慢导致。球化退火前需

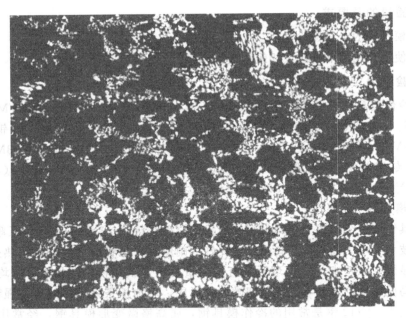

图 15-1　Cr12 钢锻造后组织，共晶碳化物逐渐趋向均匀（500×）

图 15-2　Cr12 钢球化退火组织（500×）

经正火消除残留网状。一般网状碳化物所包围的晶粒也比较粗大，这种晶粒相当于在停锻温度时的奥氏体晶粒。二次碳化物呈网状会大幅提高材料的脆性，在检验时按照 GB/T 1299—2000《合金工具钢》评级，一般模坯碳化物网≤2 级。在图 15-3 中的组织为回火马氏体＋块状颗粒状共晶碳化物＋网状分布的二次碳化物＋残余奥氏体。

（4）淬火回火的组织及晶粒度

冷作模具钢在淬火后的组织为隐针马氏体＋共晶碳化物＋二次碳化物，见图 15-4；在

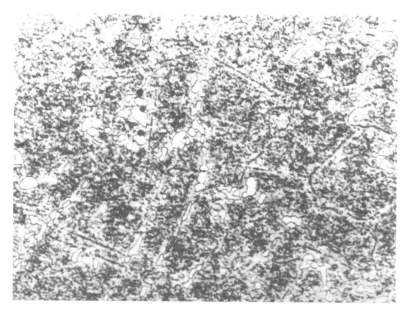

图 15-3　Cr12 钢网状二次碳化物（500×）

回火后的组织为回火马氏体，见不到残余奥氏体组织，如图 15-5 所示。在检验时按照《工具钢热处理金相检验》行业标准进行。规定一次硬化马氏体针≤2 级，晶粒度 10～12 级；二次硬化马氏体针≤3 级，晶粒度 8～9 级。

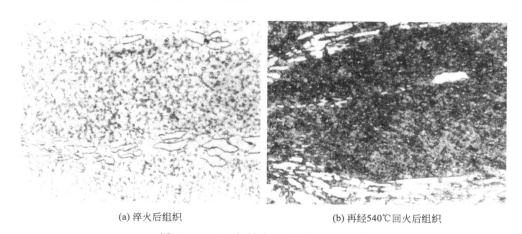

(a) 淬火后组织　　　　　　　　　　　　　　(b) 再经540℃回火后组织

图 15-4　Cr12 钢淬火回火组织（500×）

2. 热作模具钢

　　热作模具钢长时间在反复急冷急热条件下工作，模具温升可达 700℃，因此要求热作模具钢具有较好的热强性及热疲劳和韧性。一般热作模具钢分为三类：①高韧性热作模具钢，主要用于承受冲击负荷的锤锻模，能在 400℃ 左右的工作条件下承受急冷急热的恶劣工况。此类模具钢有 5CrMnMo、5CrNiMo 等。②高热强模具钢，一般用于模具温升高容易造成模具型腔堆塌、磨损、表面氧化和热疲劳的热挤压模、压形模、压铸模等模具。此类模具钢有 3Cr2W8V、GR、Y4、Y10 等。③强韧兼备的热作模具钢，用于能在 550～600℃ 高温下服役、又可用于冷却液反复冷却的压铸模、压形模等模具。此类模具钢有 4Cr5MoV1Si

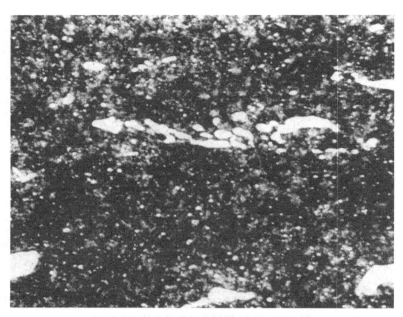

图 15-5　Cr12MoV 钢 1020 ℃真空淬火，520 ℃三次回火组织（500×）

（H13）、3Cr3MoNb（B43）、5Cr4Mo3SiMnVAl（012Al）等。

3Cr2W8V 钢是我国热作模具的传统用钢，用于要求承载力高、热强性高和耐回火性高的压铸模、热挤压模、压形模。因为含碳量低，因此有一定的韧性和良好的导热性能。3Cr2WSV 钢含碳量虽不高，但在合金元素作用下使共析点左移，因此它属于共析钢或过共析钢。因合金元素含量高，元素的扩散均匀化困难，如果冶炼不当，元素的偏析严重，共晶碳化物的数量会增加，这会导致模具脆裂报废事故。

3Cr2W8V 钢属于共析型热作模具钢，退火组织为点状极细粒状珠光体和共晶碳化物（属于亚稳定共晶碳化物），碳化物要均匀、细小和圆整，不允许大块状或链状、带状分布。由于合金元素的加入，钢材中的碳氮化合物及夹杂物检验是至关重要的。常采用高于马氏体形成温度进行等温处理，可获得抗热冲击性能贝氏体组织。检验标准有：YB 9—1968《铬轴承钢技术条件》、ZJB 36003—1987《工具钢热处理检验》和 GB/T 1299—2000《合金工具钢技术条件》等。

热作模具钢的金相检验项目如下。

（1）共晶碳化物不均匀性

由于热作模具钢高碳高合金，使得元素扩散困难，严重的元素偏析易导致亚稳定的共晶碳化物出现，见图 15-6 中大块共晶碳化物。可采用高温长时间扩散退火消除。

（2）球化质量

热作模具钢在球化退火后的组织为球状珠光体组织＋少量碳化物，见图 15-7，在检验中可以参照 Cr12 钢的检验内容。

（3）碳化物网

热作模具钢中网状碳化物的产生原因主要是锻后缓冷、退火过热、高温加热空气淬火和高温分级淬火中二次碳化物沿奥氏体晶界析出，如图 15-8 所示。网状碳化物的出现增加了材料的脆性，一般要求模坯碳化物网≤2 级。

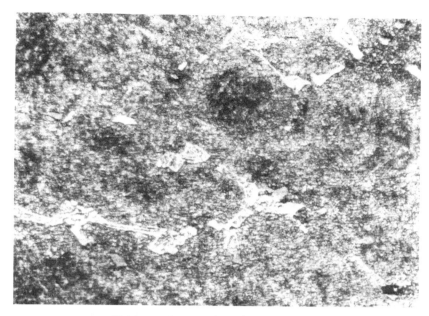

图 15-6　3Cr2W8V 钢退火组织（500×）

图 15-7　3Cr2W8V 钢等温球化退火碱性苦味酸钠侵蚀组织（1000×）

（4）碳化物偏析带

热作模具钢中严重碳化物带状偏析（碳化物呈点状）和共晶碳化物在检查时取纵向试样，经淬火回火，深侵蚀后，在 100× 和 500× 放大下根据碳化物聚集程度、大小和形状，如图 15-9 所示，可参照《铬轴承钢技术条件》评定其级别。

（5）热处理组织

热作模具钢淬火后的组织为马氏体组织＋共晶碳化物＋残余奥氏体，回火后的组织回火

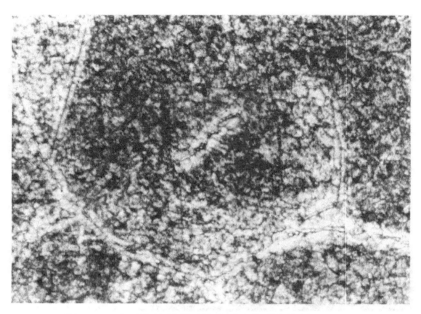

图 15-8　3Cr2W8V 钢锻后淬火回火的碳化物网 （500×）

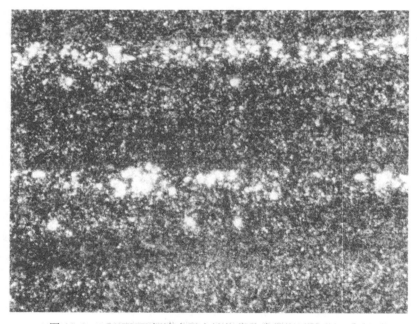

图 15-9　3Cr2W8V 钢淬火回火链状共晶碳化物组织 （500×）

马氏体＋共晶碳化物，见图 15-10。在检验时要注意淬火后马氏体针的长度及晶粒度的要求。采用回火马氏体、回火托氏体、残余奥氏体和共晶碳化物的模具钢，应注意有无晶界碳化物网；采用等温处理的注意贝氏体形态，见图 15-11 所示（组织为下贝氏体＋马氏体＋残余碳化物＋残余奥氏体）。

3. 塑料模具钢

塑料模具一般形状复杂，要求尺寸精度高，表面粗糙度低，尺寸稳定。制作高要求的塑

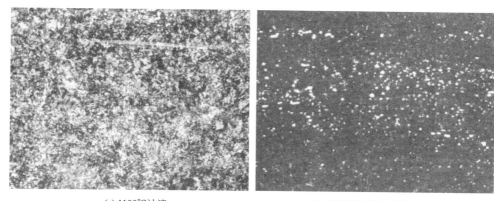

(a) 1100℃油淬　　　　　　　　　(b) 1100℃油淬600℃回火

图 15-10　3Cr2W8V 钢热处理后的组织（500×）

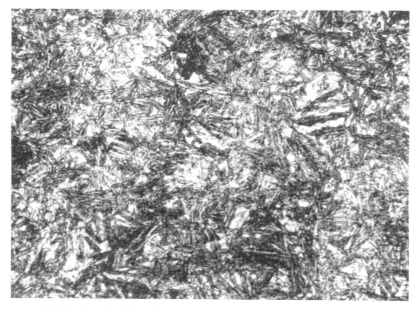

图 15-11　3Cr2W8V 钢 1150℃保温 450℃等温 1h 油冷（500×）

料模具时，材料的加工性能、热处理变形、尺寸稳定性等方面都有很高的要求，一般模具钢不能满足要求，必须采用塑料模具专用钢。

3Cr2Mo（P20）钢是一种预硬型的塑料模具钢，其化学成分属低杂质的合金结构钢，可以调质到较高硬度但仍能保持良好的可加工性，抛光后又能获得较低的表面粗糙度值，调质后的组织为回火索氏体，硬度为 34HRC，见图 15-12 所示。调质后 3Cr2Mo 钢可进行机械加工，避免了热处理变形，故称"预硬型"塑料模具钢。3Cr2Mo（P20）钢中 $w(S)$ 为 0.08% 左右，同时增加了含锰量，形成含有大量硫化锰的易切削钢，故调质后仍有很好的可加工性。

三、实验仪器及材料

1. 实验仪器

数码金相显微镜，金相摄影软件。

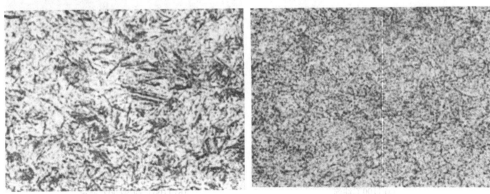

(a) 850℃淬火马氏体组织　　　　　　(b) 850℃淬火620℃回火得到索氏体组织

图 15-12　3Cr2Mo 钢热处理后的组织（500×）

2. 实验材料

Cr12 钢、Cr12MoV 钢，3Cr2W8V 钢、3Cr2Mo 钢退火态、淬火态和回火态试样若干。

四、实验内容及步骤

1. 观察冷作模具钢、热作模具钢和塑料模具钢的各种状态的显微组织。

2. 根据每个试样的实验内容画出组织图。

3. 根据相应检验标准评定级别，标明放大倍数。

五、实验报告及要求

1. 写出实验目的。

2. 写出冷作模具钢、热作模具钢、塑料模具钢的主要牌号及金相检验内容。

3. 画出冷作模具钢、热作模具钢和塑料模具钢原始状体的组织、球化退火组织、碳化物不均匀组织、淬火后的组织和回火后的组织，并标明其中的组织。

4. 评定级别的试样须注明评定项目与级别，学会使用国家标准判断各种组织的级别并作出相应判断。

六、思考题

1. Cr12 型钢碳化物不均匀度对钢的性能有何影响？碳化物不均匀度如何评定？

2. 冷作模具钢、热作模具钢和塑料模具钢的技术要求？

实验十六　特殊性能钢的组织观察与检验

特殊性能钢是指加入了大量合金元素，使钢具有了一些特殊的物理性能和化学性能的钢，根据它们的性能特点，可分为耐磨钢、不锈钢、耐热钢、磁钢等。

一、实验目的及要求

1. 观察耐磨钢、不锈钢、耐热钢的显微组织特点。

2. 了解耐磨钢、不锈钢、耐热钢所具有的特殊性能与化学成分、组织之间的关系。

3. 了解相关检验方法和标准检验技术。

二、实验原理

1. 耐磨钢

传统耐磨钢为 ZGMn13，俗称高锰钢。高锰钢是在过共析钢中增加锰的含量（11%～14%），使 Mn/C 之比接近 10/1，再经过水淬后得到室温单一奥氏体组织的钢。

在承受载荷和严重摩擦作用下，使钢发生显著硬化。载荷越大，硬化程度越高，耐磨性能越好。如在静载荷下使用，它的耐磨性反而不高，因此适合制作承受剧烈冲击和在严重摩擦条件下工作的零件。

（1）高锰钢的铸态组织

由于机加工困难，高锰钢一般铸造成型。铸态组织应该为：奥氏体基体＋少量珠光体型共析组织＋大量分布在晶内和晶界上的碳化物，见图 16-1。在高温时析出的碳化物在晶界呈网状或者局部呈块状；在较低温度析出的碳化物则在晶内呈针状、片状分布，或者以明显或不明显的渗碳体魏氏组织出现在奥氏体基体上。由于碳化物较脆，铸态高锰钢一般不能直接使用。

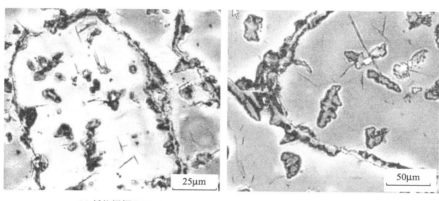

(a) 低倍组织(100×)　　　　　　　(b) 局部放大(200×)

图 16-1　ZGMn13 铸态组织

（2）耐磨钢的检验

① 热处理后的组织　高锰钢的热处理一般为水韧处理。水韧处理的过程即：将 ZGMn13 铸件加热到高温（1000～1100℃）保温一段时间，使铸态组织中的碳化物全部溶入基体奥氏体中，然后迅速淬水快冷使碳化物来不及从过饱和的奥氏体中析出，以获得均匀的单相奥氏体组织，见图 16-2，这种处理称为水韧处理。正常水韧处理后的组织为过饱和的单相奥氏体，晶粒大小不均匀，也有少量均匀分布的粒状碳化物。水韧处理后的碳化物有：未溶、析出或过热碳化物，见图 16-3。

② 铸造高锰钢的常见缺陷　ZGMn13 钢中的常见缺陷主要是分散分布的串状或串连成断续网状分布的显微疏松、气孔、非金属夹杂物及沿晶裂纹等，见图 16-4。

③ 铸造高锰钢的金相检验标准　按照 GB/T 13925—1992《铸造高锰钢金相》标准进行显微组织、碳化物、晶粒度和非金属夹杂物的评级。

2. 不锈钢

我们所说的不锈钢是指在大气、水、酸、碱和盐等溶液或其他腐蚀介质中具有化学稳定性的钢的总称，而把其中的耐酸、碱和盐等侵蚀性强的介质腐蚀的钢称为耐酸钢。广义的不锈钢也包括耐热不锈钢，即具有较好的抗高温氧化性能的钢。

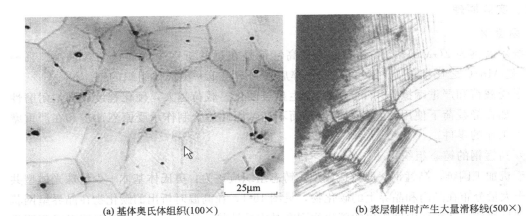

(a) 基体奥氏体组织(100×)　　　　　　　(b) 表层制样时产生大量滑移线(500×)

图 16-2　ZGMn13 钢水韧处理后的组织

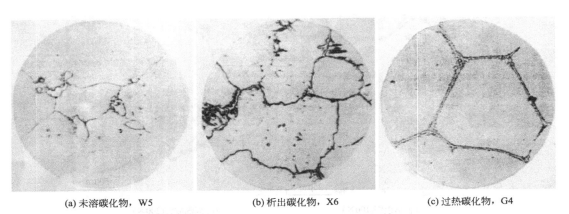

(a) 未溶碳化物，W5　　　　　(b) 析出碳化物，X6　　　　　(c) 过热碳化物，G4

图 16-3　ZGMn13 水韧处理后的碳化物类型与级别 （100×）

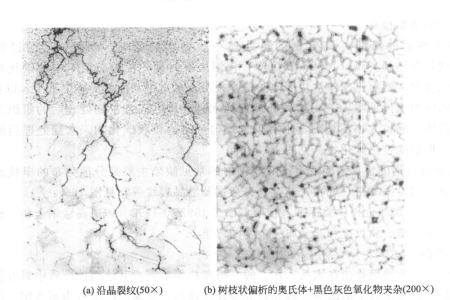

(a) 沿晶裂纹(50×)　　　　　(b) 树枝状偏析的奥氏体+黑色灰色氧化物夹杂(200×)

图 16-4　ZGMn13 水韧处理后的缺陷

不锈钢的分类：按照金相组织的不同，可分为铁素体不锈钢、马氏体不锈钢、奥氏体不锈钢、奥氏体-铁素体双相不锈钢和沉淀硬化不锈钢；按照合金元素的不同分为铬系不锈钢、铬镍系不锈钢、铬镍钼系不锈钢、铬锰镍系不锈钢等。近年来又开发出高纯铁素体不锈钢、超低碳奥氏体不锈钢等新品种。

（1）不锈钢中常出现的相

不锈钢中除了铁素体、奥氏体、马氏体及 $M_{23}C_6$、M_7C_3 等常见组织和相以外，由于大量合金元素的加入而改变了其相变特性，会出现了一些特定的组织相。

① δ铁素体 δ铁素体是不锈钢中较易出现的一种相，见图16-5。δ铁素体也叫高温铁素体，以区别于低温α铁素体。δ铁素体也是体心立方晶格，但晶格常数与α铁素体不同，并表现出较高的脆性。由于合金元素的作用，δ铁素体从高温快冷时可保持到室温。δ铁素体易引发点腐蚀，在加工过程中易引发裂纹。

图16-5 0Cr18Ni9Ti（固溶处理态）后的奥氏体＋δ铁素体（400×）

② σ相 σ相是一种 Fe、Cr 原子比例相等的 Fe-Cr 金属间化合物，其分子式近似可用 FeCr 表示，晶体结构为正方晶系有磁性，硬而脆，见图16-6。σ相一般在 500～800℃ 温度范围内长时间时效时析出，较高的含铬量（25%～27%）及δ铁素体的存在均会促进σ相的析出。σ相显著地降低钢的塑性、韧性、抗氧化性、耐晶界腐蚀性能，危害性较大，应尽力避免该相的出现。

③ 碳化物 这是碳与一种或数种金属元素构成的化学化合物。在不锈钢和耐热钢中常常有碳化物存在。钢中随含碳量的增加，碳化物也逐渐增多。钢经过热处理后，有时温度不够或保温时间不够，碳化物不能完全溶入奥氏体中，或者有些碳化物熔点较高，在一定的温度下不能熔解，冷却后仍保留在钢的基体中，因此钢中有碳化物存在总是难免的。在不锈钢和耐热钢中，由于合金元素较复杂，所以碳化物也较复杂，类型也较多。其碳化物大致可分为 MC 型、M_6C 型、$M_{23}C_6$ 型、M_7C_3 型等四种形式。

此外，在含氮及双相不锈钢中还会出现 Cr2N、CrN 等氮化物和 χ（$Fe_{36}Cr_{12}Mo_{10}$）、R

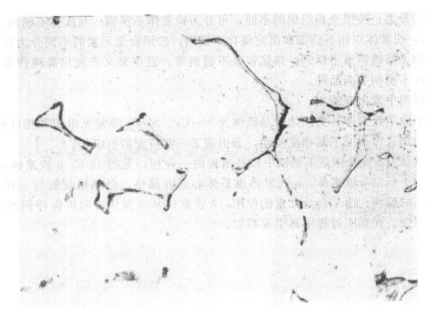

图 16-6　1Cr18Ni9Ti 钢时效后的 σ 相（500×）

侵蚀剂：苛性赤血盐水溶液

（Fe-Cr-Mo）、π（$Fe_7Mo_{13}N_4$）、τ 等金属间化合物相。

（2）各类不锈钢的热处理及其金相组织

① 铁素体不锈钢　铁素体不锈钢含铬 11%～30%，尚可含少量钼、铌、钛及低碳，基本上不含镍，强度较高，耐氯化物应力腐蚀、点蚀、缝隙腐蚀等性能优良，但对晶界腐蚀敏感，低温韧性较差。主要钢号有 0Cr13Al、1Cr17、1Cr17Mo、00Cr27Mo、00Cr30Mo2 等。这类钢经 900℃保温并空冷后的显微组织为铁素体及沿轧制方向分布的碳化物，见图 16-7 所示。含碳量较高、含铬量处于下限时（如 1Cr17 钢），钢中会出现珠光体组织，经 1200℃加热并水淬后的显微组织为 δ 铁素体＋低碳板条马氏体，见图 16-8。一般含碳量低、含铬量偏高时（如 00Cr27Mo 钢），钢的显微组织为铁素体，故不能通过相变热处理来改善钢的性能，见图 16-9。钼、钛等元素加入铁素体不锈钢中不改变其铁素体组织，但会生成 MoC、Mo3C、TiC 等碳化物，经淬火后固溶于铁素体中，强化钢的性能和抗蚀能力。

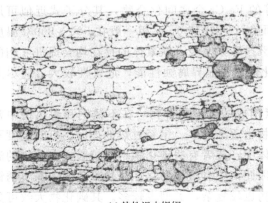

(a) 热轧退火组织

侵蚀剂：王水-甘油侵蚀

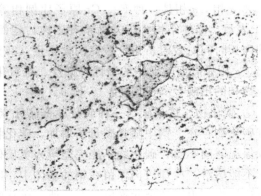

(b) 退火组织

侵蚀剂：硫酸铜盐酸水溶液

图 16-7　1Cr17 钢退火组织（500×）

图 16-8　1Cr17 钢的淬火组织（500×）

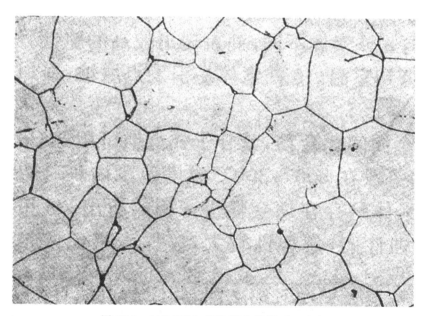

图 16-9　00Cr27Mo 钢的淬火组织（400×）

　　铁素体不锈钢在 400～550℃温度范围内长时间加热会显著降低钢的耐蚀性，并出现脆化，即所谓 475℃脆性。研究表明，这是富铬铁素体内相变的结果。铁素体不锈钢在 600～800℃温度范围内长时间加热，则会因为析出 σ 相而降低钢的塑性和韧性。

　　② 马氏体不锈钢　马氏体不锈钢在高温状态的组织为奥氏体，经过淬火后，奥氏体转变为马氏体，故称其为马氏体不锈钢。马氏体不锈钢最常见的是 Cr13 型不锈钢，即含 Cr 量的质量分数为 12%～14%，含 C 量的质量分数为 0.1%～0.4%，国家标准 GB/T 1220—1992 中属于该合金系列的牌号有 1Cr13、2Cr13、3Cr13、4Cr13，此外还有一个牌号的合金

9Cr18MoV。高的含铬量使钢具有良好的抗氧化性和耐腐蚀性能，铬大部分固溶到铁素体内，提高了钢的强度，同时在钢的表面形成了致密的耐蚀氧化膜。碳的作用是使钢热处理后强化，含碳量越高，钢的硬度和强度也越高。但 C 和 Cr 易形成碳化物 $Cr_{23}C_6$，降低钢的耐蚀性。

马氏体不锈钢退火后的组织为铁素体与碳化物，碳化物常沿铁素体晶界呈网状分布，使得钢的强度和耐蚀性都很差，因此要经过调质处理，见图 16-10。9Cr18MoV 钢在退火后的组织球状珠光体＋大块共晶碳化物，见图 16-11 所示。

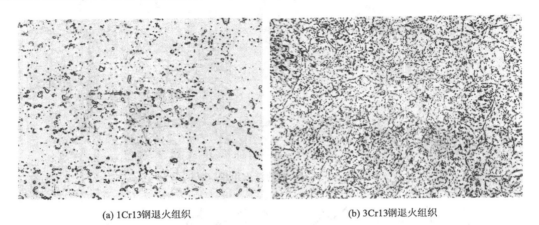

(a) 1Cr13钢退火组织   (b) 3Cr13钢退火组织

图 16-10　马氏体不锈钢退火组织（500×）

侵蚀剂：氯化高铁盐酸水溶液

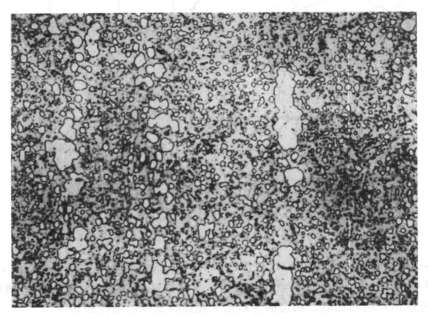

图 16-11　9Cr18MoV 钢退火组织（500×）

侵蚀剂：氯化高铁盐酸水溶液

Cr13 型钢在 850℃以上温度加热时即进入奥氏体区，碳化物 $Cr_{23}C_6$ 完全溶解的温度是 1050℃，而当温度高于 1150℃时，钢中将出现 δ 铁素体。因此 1Cr13、2Cr13 钢的淬火温度为 1000～1050℃。淬火后，1Cr13 钢的组织为马氏体＋少量 δ 铁素体，见图 16-12 所示；2Cr13 钢的淬火组织为针状马氏体，见图 16-13 所示。

图 16-12　1Cr13 钢正常淬火组织（500×）
侵蚀剂：氯化高铁盐酸水溶液

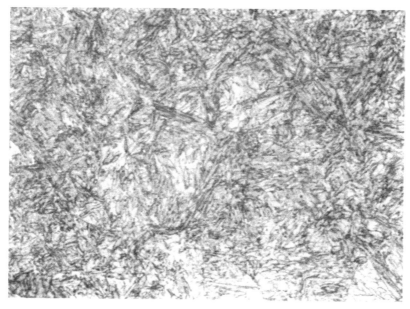

图 16-13　2Cr13 钢 1000℃油淬过热组织（500×）
侵蚀剂：苦味酸盐酸酒精

3Cr13、4Cr13 钢由于含碳量较高，钢中的碳化物较多，加热时可以阻止奥氏体晶粒长大，所以其淬火温度可以提高至 1050～1100℃，使钢中的碳化物更多地溶入奥氏体中。淬火后的组织为马氏体＋碳化物＋少量残留奥氏体，见图 16-14。

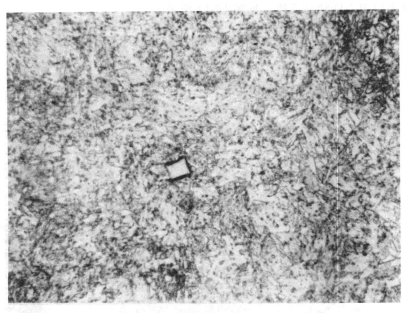

图 16-14　3Cr13 钢 1200℃油淬组织（500×）
侵蚀剂：苦味酸盐酸酒精

9Cr18MoV 钢在淬火后的组织为隐针马氏体＋共晶和二次碳化物＋少量残余奥氏体，见图 16-15 所示。

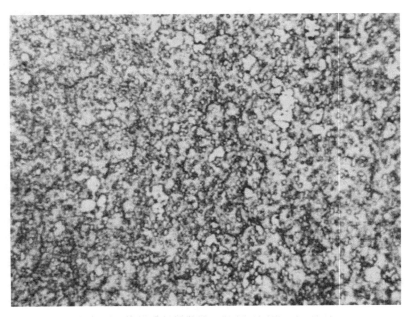

图 16-15　9Cr18MoV 钢 1050℃油淬组织（500×）
侵蚀剂：苦味酸盐酸酒精

含碳量低的马氏体不锈钢回火组织变化和结构钢相同，低温回火得到回火马氏体，高温回火得到回火索氏体。一般 1Cr13、2Cr13 钢为获得较好的机械性能，采用 600～750℃高温回火，得到回火索氏体；3Cr13、4Cr13 钢为得到较高的硬度和耐磨性，采用 200～250℃ 低温回火，得到回火马氏体及细颗粒碳化物；9Cr18MoV 钢采用低温回火，获得组织为回火马氏体＋颗粒状碳化物＋残余奥氏体，见图 16-16。

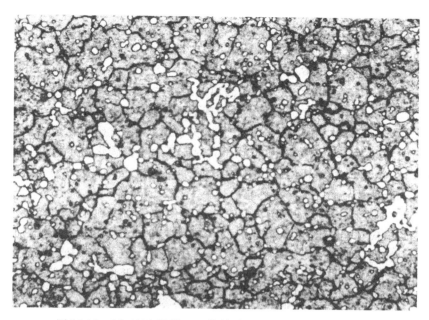

图 16-16　9Cr18MoV 钢 1060℃淬油 160℃回火组织（500×）

侵蚀剂：氯化高铁盐酸水溶液

（3）奥氏体不锈钢

此类钢中一般含铬 16％～25％，含镍 7％～20％，经所有的热处理后，均得到奥氏体组织，故称为奥氏体不锈钢，如图 16-17 所示。

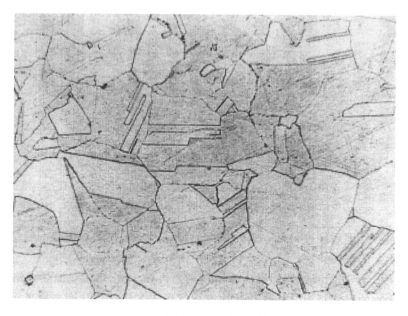

图 16-17　1Cr18Ni9Ti 组织（100×）

奥氏体不锈钢具有良好的高低温塑性、韧性和耐腐蚀性能，所以使用极为广泛。它的缺点是晶界腐蚀和应力腐蚀的倾向大，切削加工性能差。

常见的不锈钢有 304、316。前者也称 18-8 不锈钢，典型成分为 18％Cr-8％ Ni，牌号有 0Cr18Ni9、2Cr18Ni9、1Cr18Ni9、1Cr18Ni9Ti；316 不锈钢在 304 不锈钢的基础上适当提高镍的含量，再增加铝元素的含量以提高抗点蚀能力。为提高合金的耐晶界腐蚀性能，通过降低合金中的含碳量，可得到超低碳不锈钢，如 304L、316L 等。

18-8 型不锈钢的处理工艺有以下几种。

① 消除应力处理　消除应力处理分为高温（通常与稳定化处理一起进行）和低温（消除冷加工和焊接内应力）两种。低温除应力处理是为了消除冷加工和焊接引起的内应力，处理温度范围为 300～350℃，不应超过 450℃，以免析出 Cr23C6 碳化物造成基体贫铬，引起晶界腐蚀。高温除应力处理一般在 800℃以上；对于不含稳定碳化物元素的 18-8 不锈钢，加热后应快速冷却，以快速通过析出碳化物的温度区间，防止晶界腐蚀。对于含有稳定碳化物元素的钢，这一处理常与稳定化处理一起进行。

② 固溶处理　固溶处理就是将钢加热至高温，使碳化物得到充分的溶解，然后迅速冷却，得到单一的奥氏体组织的一种热处理方式。因此通过将奥氏体不锈钢加热到 1050～1100℃，使钢中的碳化物、δ 铁素体被充分溶于奥氏体中，经水中冷却，得到含有饱和碳的单一奥氏体组织，见图 16-18 所示。注意：固溶处理温度过低将不能使碳化物迅速充分地溶于奥氏体中；温度过高则导致奥氏体晶粒的长大。

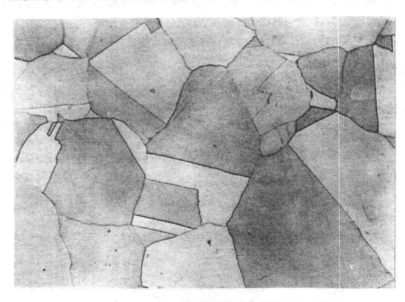

图 16-18　1Cr18Ni9Ti 钢固溶处理组织（500×）
侵蚀剂：硝酸、盐酸、苦味酸、重铬酸钾酒精混合液

不锈钢经固溶处理后硬度最低，塑性韧性最好，因此这种热处理和一般结构钢通过淬火回火强化有本质上的不同。

③ 敏化处理　经过固溶处理的奥氏体不锈钢，再在 500～850℃加热，铬将从过饱和的固溶体中以碳化物的形式析出，使碳化物周围地区形成贫铬区，从而造成奥氏体不锈钢的晶界腐蚀敏感性，这样的处理叫敏化处理，这种状态叫敏化。主要的目的是为了评价奥氏体不

锈钢的晶间腐蚀倾向，标准参照 GB/T 4334—1990 和 GB/T 4334.1—2000《不锈钢 10％草酸侵蚀试验方法》。根据 GB/T 4334.1—2000《不锈钢 10％草酸侵蚀试验方法》标准，侵蚀结果按晶界形态分为 1～5 类：1 类位阶梯状组织，晶界无腐蚀沟，晶粒间成阶梯状；2 类为混合组织，晶界有腐蚀沟，但没有一个晶粒被腐蚀沟包围；3 类为沟状组织，个别或全部晶粒被腐蚀沟所包围；4 类和 5 类是针对铸件或焊接件进行评定。凹坑形态分两种，6～7 类：6 类为浅凹坑多，深凹坑较少的组织；7 类为浅凹坑较少，深凹坑较多的组织。在图 16-19 中，0Cr18Ni12Mo3Ti 钢敏化处理后组织为黑色连续腐蚀沟，属于 3 类；凹坑形态：深凹坑多，浅凹坑少，属于 7 类。

图 16-19　0Cr18Ni12Mo3Ti 钢固溶处理后 650℃敏化处理 2h 组织（500×）
侵蚀剂：10％草酸水溶液电解侵蚀

④ 稳定化处理　1Cr18Ni9Ti 不锈钢需进行稳定化处理。钛和铌与碳的亲和力比铬大，把它们加入不锈钢中，碳优先与它们结合形成 TiC、NbC，从而使钢中的碳不再与铬生成 $Cr_{23}C_6$，也就不再引起晶界贫铬，起到抑制晶界腐蚀的作用。但由于钢中铬的含量比钛、铌的含量多，且钛、铌的扩散速度很慢，因此一般固溶处理后总要生成一部分 $Cr_{23}C_6$。为此，需将 1Cr18Ni9Ti 加热至 850～900℃进行稳定化处理。在此温度范围内，$Cr_{23}C_6$ 将溶解，而 TiC、NbC 仍然稳定，从而使钢中不再含有 $Cr_{23}C_6$，由此提高合金的抗晶界腐蚀能力。

（4）双相不锈钢

在 18-8 型不锈钢基础上，提高含铬量或加入其他铁素体形成元素，当不锈钢中 δ 铁素体含量很高或接近奥氏体含量时，称为奥氏体-铁素体不锈钢。由于双相不锈钢中同时存在 γ 和 δ 两相，因此它与单纯的奥氏体不锈钢或铁素体不锈钢相比，在组织和性能上具有更大的特点。

双相不锈钢的晶间腐蚀倾向比奥氏体小，这是由于此类钢在敏化温度范围（500～750℃）加热，$Cr_{23}C_6$ 未在奥氏体晶界析出，而先在 δ 铁素体内析出，晶界不至于造成严重的贫铬现象。双相不锈钢的抗应力腐蚀能力也高于奥氏体，由于两相都有足够的合金化，在许多介质中能达到钝化状态，故有较好的耐蚀性能。

双相钢比铁素体钢韧性好，比奥氏体钢的强度高，但塑性及冷变形性较奥氏体钢差，轧制后其组织沿轧制方向呈带状分布，使力学性能有较大的各向异性。

双相钢典型钢种有 0Cr21Ni6Mo2Ti、00Cr25Ni5Mn 等。这类钢一般在固溶处理（950～1000℃）状态使用，其金相组织是：在 δ 铁素体基体上分布有小岛状的奥氏体，δ 铁素体的数量占 50%～70%。图 16-20 为双相不锈钢固溶处理后的组织。

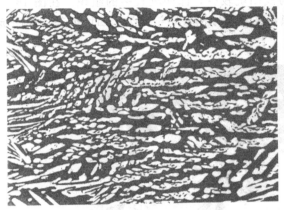 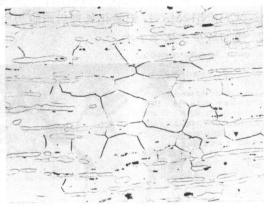

(a) 00Cr25Ni5Mo2N钢，侵蚀剂：10%草酸　　　(b) 0Cr25Ni6Mo3CuN钢，侵蚀剂：铁氰化钾、
水溶液电解侵蚀　　　　　　　　　　　　氢氧化钾水溶液热蚀

图 16-20　双相不锈钢固溶处理后的组织（500×）

（5）沉淀硬化不锈钢

主要利用马氏体转变强化和碳化物、金属间化合物的沉淀硬化作用来获得高的强度。从基体组织看有三种类型：马氏体型、半奥氏体型、奥氏体型。主要牌号有：17-7PH、17-4PH（0Cr17Ni4Cu4Nb）、PH15-7Mo 等。"PH"英语中是"沉淀硬化"的意思。图 16-21 为 17-4PH 组织。

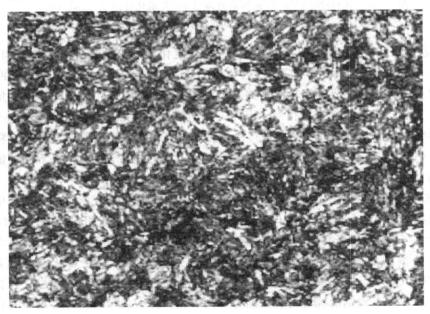

图 16-21　17-4PH 组织（500×）

沉淀硬化不锈钢的处理工艺有固溶处理、调整处理、时效处理三个过程。

① 固溶处理 加热 950~1000 ℃ 1h 空冷。获得奥氏体及少量 δ 铁素体，铁素体为条状，这种组织保证钢具有良好的冷变形能力。

② 调整处理 在固溶处理后，为了获得一定数量的马氏体使钢强化，必须进行调整处理，经常采用的方法有中间时效法、高温调整及深冷处理、冷变形法。

③ 时效处理 不论经过何种调整处理后，均需进行时效处理，它是使钢强化的途径。时效温度一般在 400~500℃，见图 16-22。

图 16-22　17-4PH 钢 1040℃固溶，480℃时效组织（500×）
侵蚀剂：苦味酸、盐酸酒精溶液

3. 耐热钢

耐热钢的使用温度范围为 400~650℃，温度较高。耐热钢主要应用于动力机械、石油、化工、航空工业等领域，如用于制造锅炉、汽轮机、燃气轮机、航空发动机等。耐热钢是通过向钢中加入铬、镍、钼、硅、铌、钨、钒、钛等合金元素来提高其热强性和抗氧化性能，以满足使用要求。

耐热钢的工作温度较高，在使用过程中会发生钢内部的显微组织的变化，如碳化物的析出、聚集和球化与新相的析出。因此耐热钢的金相检验内容包括一般的原始态金相组织检验和高温长期使用后的显微组织的变化。这类钢在长期高温条件下运行会发生一些组织变化。

① 石墨化 即钢中的渗碳体会发生 $Fe_3C \longrightarrow$ 石墨＋铁素体 的变化。破坏了基体连续性，使冲击韧性显著下降，造成极大破坏。碳钢、钼钢长期高温运行易出现石墨化。耐热钢中的 Al、Si 元素促使石墨化，Cr、Ti、V、Nb 等元素能减轻、阻止石墨化倾向。

② 珠光体球化、碳化物聚集 长期高温运行使珠光体由片层状→球状→小球变大球，使钢的强度、硬度降低，也降低钢的蠕变强度。

③ 合金元素的再分 长期高温运行使固溶体内的合金元素转变成碳化物，降低了固溶强化效果，使固溶体软化，降低钢的强度和蠕变强度。

为提高耐热钢的热强性、组织稳定性、抗氧化性，一般在钢中加入铬、镍、钼、硅、铌、钨、钒、钛等合金元素，根据合金元素含量的不同，耐热钢可以分为铁素体耐热钢、珠光体耐热钢、马氏体耐热钢和奥氏体耐热钢。

（1）铁素体耐热钢

该类钢中的主要合金元素铬的质量分数范围为 12%～28%，再加少量的铝、钛、硅等元素。这类钢冷却后得到单相的铁素体组织，具有高的抗氧化性能，主要用做抗氧化钢种，用做燃烧室、喷嘴和炉用部件。主要牌号有：1Cr13Al、1Cr17、2Cr25N 等。

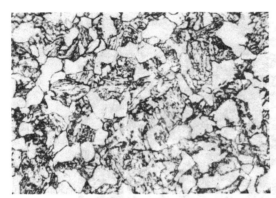

图 16-23　15CrMo 钢 910℃正火，680℃回火组织（500×）

（2）珠光体铁素体耐热钢

工作温度为 350～670℃。这类钢的合金元素含量的质量分数不超过 5%～7%，钢的元素组成有 Cr-Mo、Cr-Mo-V、Cr-Mo-W-V 等，属于低合金钢。当钢中含有的 Cr、Mo、W 等元素溶于铁素体中时，能提高基体的蠕变强度；当含有强烈的碳化物形成元素 V、Ti 时能使钢在淬火及高温回火时析出 VC、TiC 等碳化物而起到沉淀硬化作用。典型牌号有：15CrMo、1Cr5Mo、12Cr1MoV、17CrMo1V、12Cr2MoWVB 等。典型热处理工艺为：正火＋高温回火，热处理后组织为铁素体＋珠光体或贝氏体，见图 16-23、图 16-24 所示。它们被广泛应用于锅炉管（过热器管、主蒸汽管）、汽包和汽轮机的紧固件、主轴、叶轮、转子等零件。

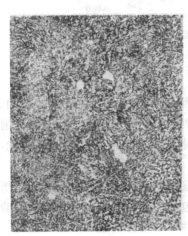

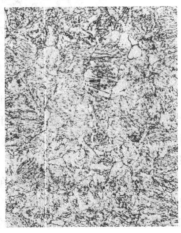

(a) 860℃正火温度过低组织　　(b) 910℃正火正常组织　　(c) 960℃正火过热组织

图 16-24　1Cr5Mo 钢 910℃正火正常组织（500×）

（3）马氏体耐热钢

这类钢是从含铬量 12%的不锈钢基础上发展起来的，淬透性好，从高温奥氏体状态空冷可得到马氏体组织。为提高其耐高温性能常添加 W、Mo 等元素，为防止其与碳形成碳化物富集，添加 V、Nb 等强碳化物形成元素。常见牌号有：1Cr13、1Cr11MoV、1Cr12WMoV、4Cr9Si2、4Cr10Si2Mo 等，常用于汽轮机的动静叶片、内燃机的进、排气阀。

典型热处理为淬火（得到马氏体组织）＋高温回火（得到回火索氏体），见图 16-25 所示。

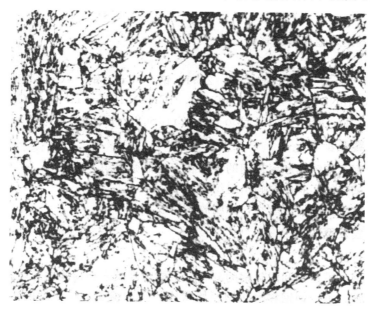

图 16-25　2Cr13 钢 1000℃淬油＋700℃回火后的组织（500×）

（4）奥氏体耐热钢

奥氏体耐热钢的常温组织为奥氏体，耐热温度为 600℃以上。这类钢中含有大量的奥氏体稳定化元素如镍、锰、氮等，以及铬、钨、钼等合金元素，所以可以在室温得到稳定的奥氏体组织，并具有良好的抗氧化性和耐腐蚀性能，特别是奥氏体钢具有良好的热强性和热稳定性。常见牌号有：0Cr19Ni9、1Cr18Ni9Ti、5Cr21Mn8Ni4N、2Cr25Ni20 等，常用于高温炉中的部件、高强重载负排气阀等。典型热处理为固溶处理＋时效处理，组织为奥氏体，与奥氏体不锈钢类似，见图 16-26 所示。

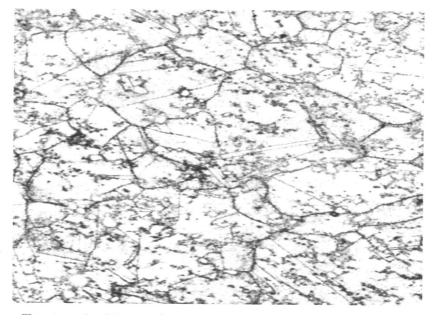

图 16-26　5Cr21Mn8Ni4N 钢 1175℃固溶＋750℃时效 5h 后的组织（500×）

三、实验仪器及材料

1. 实验仪器

数码金相显微镜，金相摄影软件。

2. 实验材料

ZGMn13 钢，1Cr17 钢，1Cr13 钢，2Cr13 钢，3Cr13 钢，4Cr13 钢，9Cr18MoV 钢，0Cr18Ni9 钢，1Cr18Ni9 钢，1Cr18Ni9Ti 钢，1Cr18Ni12Mo2Ti 钢，1Cr21Ni6Mo2Ti 钢，00Cr25Ni5Mn 钢，17-4PH 钢，15CrMo 钢，4Cr10Si2Mo 钢，5Cr21Mn8Ni4N 钢。

四、实验内容及步骤

1. 观察耐磨钢、不锈钢和耐热钢的各种状态的显微组织。
2. 根据每个试样的实验内容画出组织图。
3. 根据相应检验标准评定级别，标明放大倍数。

五、实验报告及要求

1. 写出实验目的。
2. 写出耐磨钢、不锈钢和耐热钢的分类、主要牌号及金相检验内容与相关组织。
3. 画出耐磨钢、不锈钢钢和耐热钢原始状体的铸态组织、淬火后的组织和碳化物，并标明其中的组织。
4. 画出不锈钢钢和耐热钢典型金相组织，并标明其中的组织组成物。

六、思考题

1. 什么是不锈钢，按照组织不同分为哪几种？
2. 马氏体不锈钢的组织特点是什么？
3. 铁素体不锈钢的组织特点是什么？
4. 奥氏体不锈钢的组织特点是什么？18-8 钢属于何种？
5. 什么是耐热钢？耐热钢有哪几种？

实验十七　灰铸铁、硼铸铁的组织观察与检验

铸铁是一种含碳量大于 2.11% 的铁碳合金。铸铁中的碳可以固溶、化合、游离三种状态存在。铸铁的显微组织主要由石墨和金属基体组成。按照铸铁中碳的存在状态、石墨的形态特征及铸铁的性能特点可以分为 5 类：白口铸铁、灰口铸铁、球墨铸铁、可锻铸铁和蠕墨铸铁。铸铁的金相检验主要包括：石墨形态、大小和分布情况，以及金属基体中各种组织组成物的形态、分布和数量等并按照相应标准进行各种评定。

一、实验目的及要求

1. 观察灰铸铁、硼铸铁的石墨类型和各种显微组织特点。
2. 理解并正确使用相关标准对灰铸铁、硼铸铁进行金相检验。

二、实验原理

1. 灰铸铁

灰铸铁是指金相组织中石墨呈片状的铸铁。按照灰铸铁的化学成分和性能特点将其分为

普通灰铸铁、合金灰铸铁和特殊性能灰铸铁。在生产上，通过孕育处理而获得的高强度铸铁又称为孕育铸铁。按照其抗拉强度的不同，灰铸铁可分为 HT100，HT150，HT200，HT250，HT300，HT350 六级牌号。

　　灰铸铁在平衡冷却的室温组织均为石墨和铁素体。为了确保灰铸铁强度，一般需要获得珠光体基体。

　　灰铸铁中的片状石墨在空间的分布实际上并非是孤立的片状，而是以一个个石墨核心出发，形成一簇簇不同位向的石墨分枝，以构成一个个空间立体结构。同一簇石墨与其间的共晶奥氏体构成一个共晶团。铸铁凝固之后，便由这种相互毗邻的共晶团所组成。灰铸铁的金相检验按照国家标准 GB/T 7216—2009《灰铸铁金相》的规定方法和内容进行。主要包括以下内容。

　　（1）灰铸铁石墨的检验

　　① 石墨分布　按照国家标准可分为 A 型、B 型、C 型、D 型、E 型、F 型，如图 17-1所示。

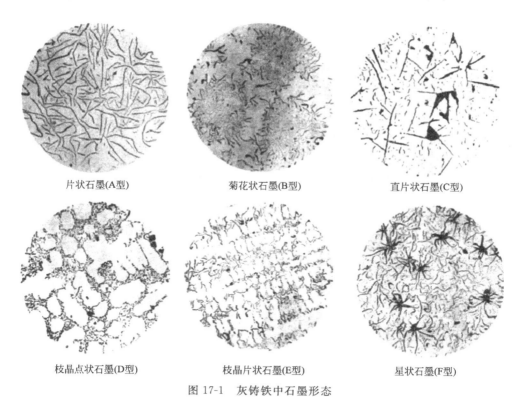

片状石墨(A型)　　　　　菊花状石墨(B型)　　　　　直片状石墨(C型)

枝晶点状石墨(D型)　　　　枝晶片状石墨(E型)　　　　星状石墨(F型)

图 17-1　灰铸铁中石墨形态

　　片状（A 型）石墨：特征是片状石墨均匀分布。

　　菊花状（B 型）石墨：特征是片状与点状石墨聚集成菊花状。

　　直片状（C 型）石墨：特征是初生的粗大直片状石墨。

　　枝晶点状（D 型）石墨：特征是点状和片状枝晶间石墨呈无向分布。

　　枝晶片状（E 型）石墨：特征是短小片状枝晶间石墨呈有方向分布。

　　星状（F 型）石墨：特征是星状（或蜘蛛状）与短片状石墨混合均匀分布。

　　② 石墨长度　在灰铸铁中石墨长度也是影响铸铁力学性能的重要因素。国家标准中将

石墨长度分为八级，见表 17-1。

表 17-1　灰铸铁石墨长度级别

项目	1	2	3	4	5	6	7	8
名称	石长 100	石长 75	石长 38	石长 18	石长 9	石长 4.5	石长 2.5	石长 1.5
100 倍下石墨长度/mm	>100	>50～100	>25～50	>12～25	>6～12	>3～6	>1.5～3	<1.5

（2）灰铸铁基体组织的检验

灰铸铁的基体组织一般为珠光体或者珠光体＋铁素体。在不同化学成分和冷却速度等因素的影响下，在铸铁结晶后可能会出现碳化物和磷共晶。在某些情况下可以得到贝氏体或者马氏体组织。

① 珠光体粗细和珠光体的数量　灰铸铁的珠光体一般呈片状。在 500× 下按片间距将珠光体分为四级：索氏体型珠光体（铁素体与渗碳体难以分辨）、细片状珠光体（片间距≤1mm）、中片状珠光体（片间距>1～2mm）、粗片状珠光体（片间距>2mm），如图 17-2 所示。珠光体的数量是指珠光体与铁素体的相对量。国家标准中将珠光体的数量分为八级，见表 7-2。

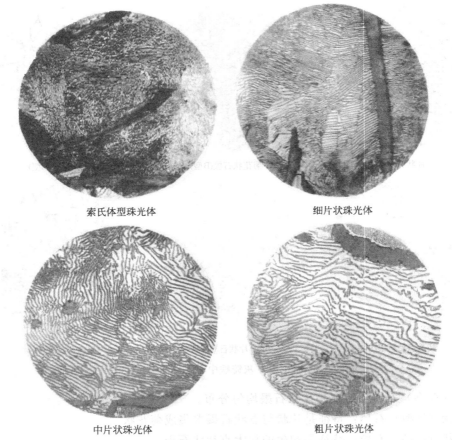

索氏体型珠光体　　　　　　　　　　　　　　细片状珠光体

中片状珠光体　　　　　　　　　　　　　　粗片状珠光体

图 17-2　灰铸铁中珠光体类型（500×）

表 17-2　灰铸铁中珠光体数量分级

项目	1	2	3	4	5	6	7	8
名称	珠 98	珠 95	珠 90	珠 80	珠 70	珠 60	珠 50	珠 40
数量/%	≥98	<98～95	<95～85	<85～75	<75～65	<65～55	<55～45	<45

② 碳化物的分布形态和数量　根据碳化物的分布形态可分为条状碳化物、块状碳化物、网状碳化物和莱氏体状碳化物，如图 17-3 所示。条状碳化物一般为过共晶型碳化物。块状碳化物一般出现在低碳当量低合金铸铁中。网状碳化物一般为亚共晶型碳化物或从奥氏体中析出的二次碳化物。莱氏体状碳化物为共晶型碳化物。

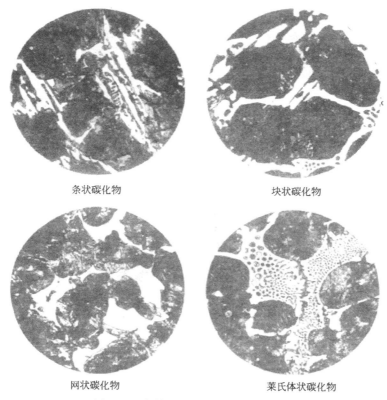

条状碳化物　　　　　　　　　　　　块状碳化物

网状碳化物　　　　　　　　　　　　莱氏体状碳化物

图 17-3　灰铸铁中碳化物类型（500×）

国家标准中将碳化物的数量分为 1～6 级，级别分别是碳 1、碳 3、碳 5、碳 10、碳 15、碳 20（数字表示碳化物的体积分数%）。

③ 磷共晶类型分布形态和数量　根据磷共晶的形态特征将磷共晶分为二元磷共晶、三元磷共晶、二元磷共晶-碳化物复合物和三元磷共晶-碳化物复合物四种类型，如图 17-4 所示。二元磷共晶是指磷化铁和奥氏体（转变产物为珠光体或铁素体）所组成的共晶体。三元磷共晶是指磷化铁、碳化铁和奥氏体所组成的共晶体。二元、三元磷共晶-碳化物复合物是指碳化物和磷共晶彼此相连，以显著的界面呈较大块状。国家标准中将磷共晶的分布形态列为四种：孤立块状、均匀分布、断续网状和连续网状。磷共晶的数量分为 1～6 级，级别依次为磷 1、磷 2、磷 4、磷 6、磷 8、磷 10。

④ 灰铸铁共晶团的检验　灰铸铁的共晶团是指在共晶转变时，共晶成分的铁水形成由石墨呈分枝的立体状石墨簇和奥氏体组成的共晶团。共晶团也代表铸铁的晶粒度。

共晶团的检验一般在 10× 或 40× 下观察评级，如图 17-5 所示。共晶团的侵蚀剂一般用：$CuCl_2$ 1g＋$MgCl_2$ 4g＋HCl 2mL＋酒精 100mL。

⑤ 灰铸铁退火后的组织　在 600℃退火处理时，灰铸铁中的珠光体在发生球化的同时还

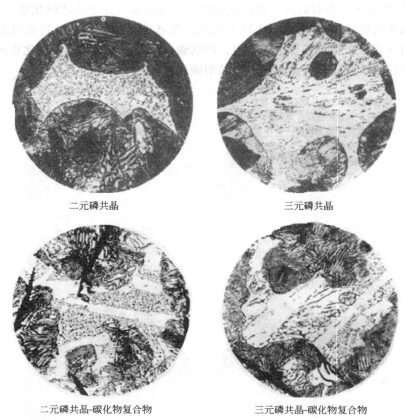

二元磷共晶　　　　　　　　　　　三元磷共晶

二元磷共晶-碳化物复合物　　　　　三元磷共晶-碳化物复合物

图 17-4　灰铸铁中的磷共晶形态（500×）

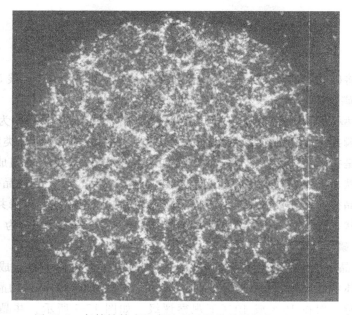

图 17-5　灰铸铁铸态孕育处理后的共晶团组织（40×）

会发生石墨化。温度越高，石墨化越严重；珠光体分解析出的二次石墨在不需要形核功的条件下依附于原有片状石墨的表面生长，使得原有的片状石墨的表由光滑而变得粗糙，如图17-6 所示。

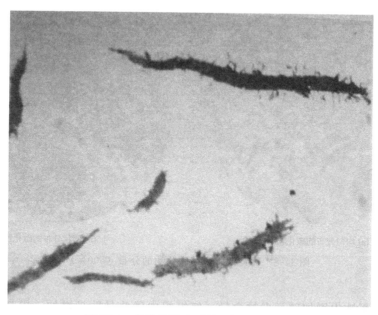

图 17-6　灰铸铁退火后的组织（1000×）

2. 硼铸铁

硼铸铁是在灰铸铁中加入硼元素，其中 $w(B)$ 通常大于 $0.02\% \sim 0.08\%$，常用于活塞环、气缸套等。由于显微组织中含硼复合磷共晶的存在（见图17-7），硼化物的硬度较高，使材料具有良好的耐磨性能。但是应控制含磷量，当 P/B 比之大于 $11 \sim 13$ 时，复合磷共晶中较大的条块状含硼碳化物消失，仅出现三元磷共晶，使耐磨性下降。硼铸铁内含硼碳化物

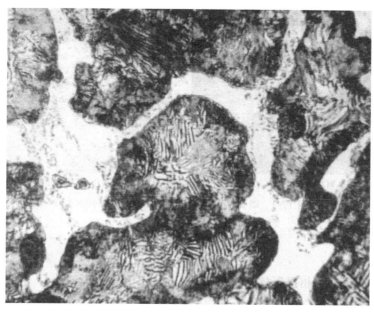

图 17-7　硼铸铁中含硼复合磷共晶（500×）

应当大小合适，分布均匀来提高材料耐磨性，若呈网状分布则增加材料脆性，见图 17-8。

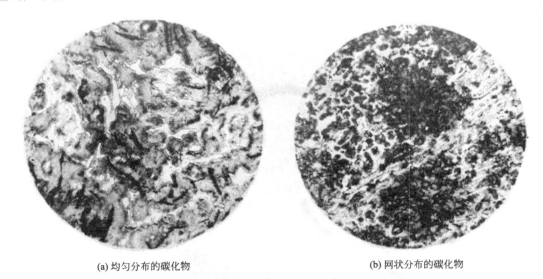

(a) 均匀分布的碳化物   (b) 网状分布的碳化物

图 17-8   硼铸铁中含硼碳化物的分布（500×）

3. 磷铸铁

磷铸铁是在灰铁中增加磷元素的含量，使组织中磷共晶数量增加，提高基体耐磨性能，常用于活塞环、气缸套等。一般 $w(P)$ 在 $0.3\%\sim0.5\%$ 为中磷铸铁，$w(P)$ 在 $0.5\%\sim0.8\%$ 为高磷铸铁，随含磷量的增加磷共晶数量增加。检验时，磷共晶一般呈网状、断续网状分布，见图 17-9(a)。网状分布的磷共晶为凸出的硬化相，成为支撑载荷的滑动面，软的基体（P+G）形成凹面，储存润滑油，减少摩擦，从而提高耐磨性。一般不允许出现枝晶状磷共晶，可增加磷共晶断裂的机会，使材料变脆，见图 17-9(b)。

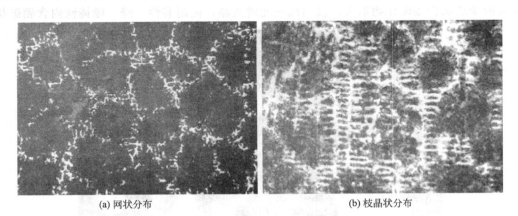

(a) 网状分布   (b) 枝晶状分布

图 17-9   磷铸铁中的磷共晶分布形态（500×）

三、实验仪器及材料

1. 实验仪器

数码金相显微镜，金相摄影软件。

2. 实验材料

灰铸铁、硼铸铁、高磷铸铁试样若干。

四、实验内容及步骤

1. 观察灰铸铁的石墨形态并画图。

2. 评定 1～2 块灰铸铁的基体组织：珠光体片间距、珠光体数量、磷共晶数量等。

3. 观察碳化物和磷共晶形态，分辨 4 种磷共晶形态。

4. 测量计算共晶团的平均直径，确定等级。

五、实验报告及要求

1. 写出实验目的。

2. 写出灰铸铁和硼铸铁的主要牌号及金相检验内容。

3. 画出灰铸铁中的 A 型石墨侵蚀前和侵蚀后的组织，二元磷共晶、三元磷共晶及其复合物组织，硼铸铁中均匀分布含硼复合磷共晶组织，磷铸铁中的网状分布磷共晶组织。

六、思考题

1. 灰铸铁中，A、B、C、D、E、F 型石墨的特征是什么？

2. 含硼/磷铸铁中，磷共晶呈网状分布的组织是否合格，为什么？

实验十八　球墨铸铁、可锻铸铁、蠕墨铸铁的组织观察与检验

球墨铸铁的石墨呈球状或接近球状。由于不像灰铸铁中片状石墨那样对金属基体产生严重的割裂作用，这就为通过热处理以提高球墨铸铁基体组织性能提供了条件。根据球墨铸铁的成分、力学性能和使用性能，一般可分为普通球墨铸铁、高强度合金球墨铸铁和特殊性能球墨铸铁。

可锻铸铁是将铸态白口铸铁毛坯经过石墨化或脱碳处理而获得的铸铁，具有较高的强度及良好的塑性和韧性，故又称延展性铸铁。蠕墨铸铁的石墨结构处于灰铸铁的片状石墨和球墨铸铁的球状石墨之间，特征是石墨的长和厚之比较小，在光学显微镜下，片厚且短，两端部圆钝。

一、实验目的及要求

1. 了解球墨铸铁、可锻铸铁、蠕墨铸铁的金相组织和检验方法。

2. 能够对球墨铸铁、可锻铸铁、蠕墨铸铁的各项检验内容进行正确的评定。

二、实验原理

1. 球墨铸铁

球墨铸铁的牌号共分为 8 种，即 QT400-18，QT400-15，QT450-10，QT500-7，QT600-3，QT700-2，QT800-2，QT900-2。牌号中短划线前面的数字为该牌号所具有的抗拉强度 R_m（MPa），后面的数字为延伸率 A（％）。各种牌号的球墨铸铁有其相应的金属基体组织：QT400-18、QT400-15、QT450-10 主要为铁素体；QT500-7 为铁素体＋珠光体；QT600-3 为珠光体＋铁素体；QT700-2 为珠光体；QT800-2 为珠光体或回火组织；QT900-2 为贝氏体或回火组织。此外，还可能存在碳化物及磷共晶等组织。

球墨铸铁中的石墨和基体组织的检验是球墨铸铁生产的主要环节。

（1）球墨铸铁的石墨及其检验

① 石墨形态　石墨形态是指单颗石墨的形状。由 GB/T 9441—2009《球墨铸铁金相检验》标准根据石墨面积率值将球墨铸铁的石墨形态分为球状、团状、团絮状、蠕虫状和片状，见表 18-1 所示。

表 18-1　球墨铸铁的石墨形态与石墨面积率范围

石墨形态	球状	团状	团絮状	蠕虫状	片状
石墨面积率	＞0.81	0.61～0.80	0.41～0.60	0.10～0.40	＜0.10

② 石墨球化率及其确定　球墨铸铁的力学性能在很大程度上取决于球化率。由 GB/T 9441—2009《球墨铸铁金相检验》标准将球墨铸铁石墨球化率分为 1～6 级，见表 18-2。如图 18-1 中球墨铸铁中的石墨呈聚集分布的蠕虫状和球状、团状，大的团状石墨呈开花状，故球化率评定为 6 级。

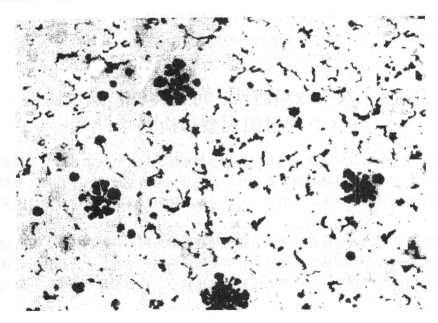

图 18-1　球墨铸铁铸造状态的石墨（100×）

表 18-2　球墨铸铁球化分级说明

球化级别	说　明	球化率/%
1	石墨呈球状,允许极少量团絮状	不低于 95
2	石墨大部分呈球状,余为团状和少量团絮状	90
3	石墨大部分呈团絮状和球状,余为团絮状,允许极少量为蠕虫状	80
4	石墨大部分呈团絮状和团状,余为球状和少量蠕虫状	70
5	石墨呈分散分布的蠕虫状和球状、团状、团絮状	60
6	石墨呈聚集分布的蠕虫状、片状和球状、团状、团絮状	50

③ 石墨大小　石墨大小也会影响球墨铸铁的力学性能。石墨球细小可减小由石墨引起的应力集中现象。而且,细小的石墨球往往具有高的球化率。因此,均匀、圆整、细小的石墨可以使球墨铸铁具有高的强度、塑性、韧性和疲劳强度。国家标准中将石墨的大小分为 6 级,见图 18-2 和表 18-3 中的说明。

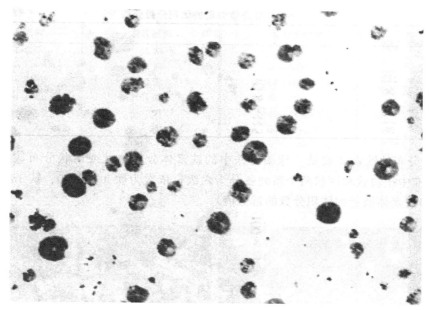

图 18-2 球墨铸铁铸造状态的石墨大小 6 级（100×）

表 18-3 球墨铸铁的石墨大小分级

级别	3	4	5	6	7	8
石墨直径/mm（放大 100 倍）	>25～50	>12～25	>6～12	>3～6	>1.5～3	≤1.5

（2）球墨铸铁的基体组织及其检验

球墨铸铁铸态下的基体组织为铁素体和珠光体。退火时能得到铁素体基体组织（一般呈牛眼状），正火时得到珠光体基体组织，基体组织中可能出现碳化物和磷共晶。一些合金球墨铸铁中会出现马氏体、奥氏体或贝氏体组织。

对球墨铸铁的铸态和正火、退火态的基体组织的检验按照 GB/T 9441—2009《球墨铸铁金相检验》进行。内容包括以下几点。

① 珠光体粗细和珠光体数量 球墨铸铁的珠光体一般呈片状。按片间距将珠光体分为粗片状珠光体、片状珠光体、细片状珠光体。珠光体数量是指珠光体与铁素体的相对量。对于高强度球铁，应确保高的珠光体数量，而对于高韧性球铁，则应确保高的铁素体数量。国家标准中将珠光体的数量分为十二级，如图 18-3 所示及见表 18-4 说明。

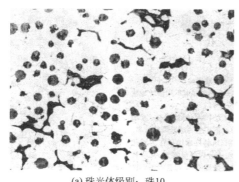
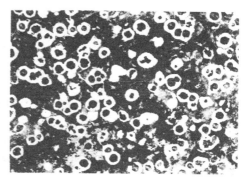

(a) 珠光体级别：珠10   (b) 珠光体级别：珠65

图 18-3 球墨铸铁铸造状态的珠光体数量（100×）

表 18-4　珠光体数量的体积分数分级

级别名称	珠光体数量/%	级别名称	珠光体数量/%
珠 95	＞90	珠 35	＞30～40
珠 85	＞80～90	珠 25	≈25
珠 75	＞70～80	珠 20	≈20
珠 65	＞60～70	珠 15	≈15
珠 55	＞50～60	珠 10	≈10
珠 45	＞40～50	珠 5	≈5

② **分散分布的铁素体数量**　球墨铸铁中的铁素体分为块状或网状分布，如图 18-4 所示。国家标准中按块状和网状两个系列各分为六级，依次为铁 5、铁 10、铁 15、铁 20、铁 25 和铁 30（铁素体数量的体积分数的近似值）。

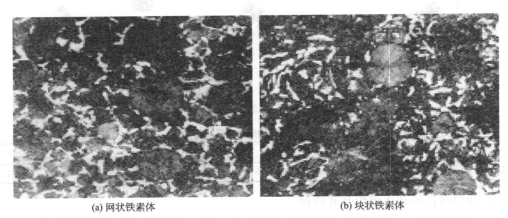

(a) 网状铁素体　　　　　　　　　　(b) 块状铁素体

图 18-4　球墨铸铁中的铁素体（100×）

③ **磷共晶数量**　球墨铸铁中的磷共晶多为奥氏体、磷化铁和渗碳体组成的三元磷共晶。国家标准中的磷共晶数量分为五级，依次为磷 0.5、磷 1、磷 1.5、磷 2、磷 3。磷 1 如图 18-5 所示。

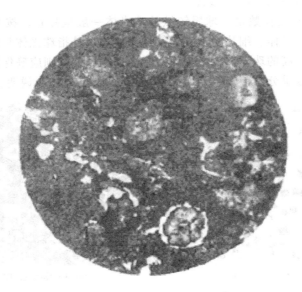

图 18-5　球墨铸铁中的磷共晶级别：磷 1（100×）

④ **渗碳体数量**　在球墨铸铁结晶后，往往在组织中出现一定数量的渗碳体，如图 18-6 所示。在球墨铸铁的生产中，若渗碳体作为硬化相单独存在时，其含量的体积分数一般应小于 5％（某些需要以渗碳体作为硬化相的耐磨铸铁除外）作为控制界限。对于某些高韧性球墨铸铁，应作更严格的控制。国家标准中将渗碳体数量分为五级，依次为渗 1、渗 2、渗 3、渗 5、渗 10。

图 18-6　球墨铸铁中的渗碳体级别：渗 5（100×）

（3）球墨铸铁等温淬火的组织及检验

① **等温淬火组织**　当等温温度较低时得到的组织为针状贝氏体，也称为下贝氏体，如图 18-7 所示。针状贝氏体具有高的强度和硬度，但塑性和韧性较低。当等温温度较高时得

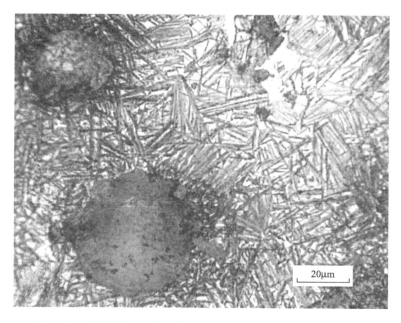

图 18-7　球墨铸铁 880℃加热 280℃等温 1h 后淬火组织（500×）

到的组织为羽毛状贝氏体，也称为上贝氏体，如图 18-8 所示。羽毛状贝氏体具有较高的综合力学性能。当等温温度在 M_s 附近时可获得针状贝氏体与马氏体的混合组织，在部分奥氏体化等温淬火的条件下，获得贝氏体与铁素体的混合组织。

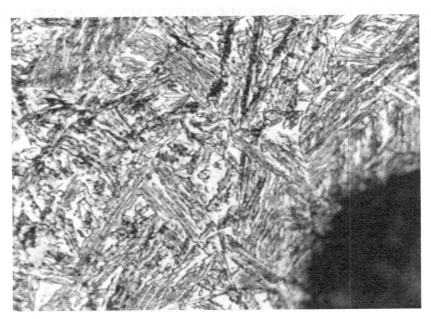

图 18-8　球墨铸铁 890℃加热在 470℃等温 90s 后空冷组织（500×）

② 贝氏体长度　奥氏体化温度愈高，则转变成贝氏体的尺寸愈长。在贝氏体形态及其他条件相同的情况下，贝氏体尺寸愈长，力学性能愈低。按照标准 JB/T 3021—1981《稀土镁球墨铸铁等温淬火金相评级》分为五级，见表 18-5 所示。

表 18-5　贝氏体分级说明

级别	组织特征	贝氏体长度/μm
上贝氏体分级		
1	细小羽毛状	≤10
2	细羽毛状	>10～20
3	中等羽毛状	>20～30
4	粗羽毛状	>30～40
5	粗大羽毛状	>40
下贝氏体分级		
级别	组织特征	贝氏体长度/μm
1	细小针状	≤10
2	细针状	>10～20
3	中等针状	>20～30
4	粗针状	>30～40
5	粗大针状	>40

③ 白区数量　所谓白区是指球墨铸铁经等温淬火后，集中分布在共晶团边界上尚未转变的残余奥氏体和淬火马氏体，经侵蚀后呈白色断续网络状，如图 18-9 所示。

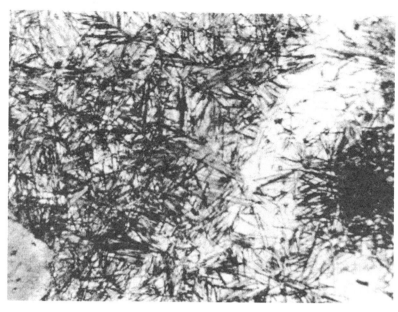

图 18-9　球墨铸铁白区组织（500×）

④ 铁素体数量　注意铁素体与渗碳体的区别，在金相显微镜下都成白亮色，但是铁素体较软，内部存在一些轻微划痕在高倍下可见，见图 18-10 所示在石墨周围存在的铁素体。铁素体数量按照标准 JB/T 3021—1981 分为三级：1 级≤5％，2 级＞5％～10％，3 级 10％。

图 18-10　球墨铸铁表面中频感应淬火组织（500×）

（4）几种常见的铸造缺陷

① 球化不良和球化衰退　显微特征是除球状石墨外，出现较多蠕虫状石墨，如图 18-11 所示。

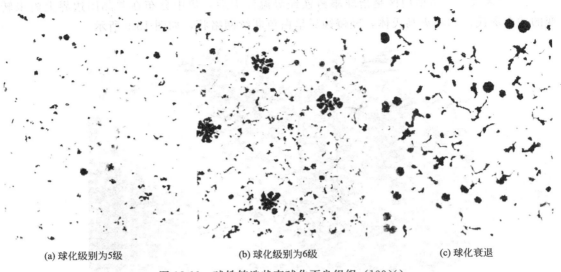

(a) 球化级别为5级　　　　　　(b) 球化级别为6级　　　　　　(c) 球化衰退

图 18-11　球铁铸造状态球化不良组织（100×）

　　② 石墨漂浮　特征是石墨大量聚集，往往呈开花状，常见于铸件的上表面或泥芯的下表面，见图 18-12 所示。

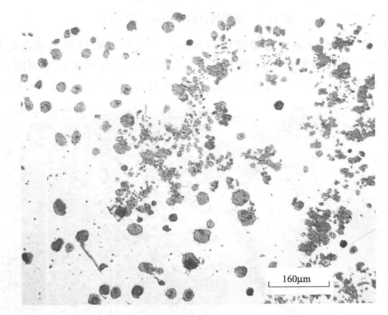

160μm

图 18-12　球墨铸铁的石墨飘浮：石墨呈梅花状和星状分布

　　③ 夹渣　一般是指呈聚集分布的硫化物和氧化物。
　　④ 缩松　是指在显微镜下见到的微观缩孔，分布在共晶团边界上，呈向内凹陷的黑洞。
　　⑤ 反白口　特征是在共晶团的边界上出现许多呈一定方向排列的针状渗碳体。一般位于铸件的热节部位。形成原因可能是铁水凝固时存在较大的成分偏析，并受到周围固体的较快的冷却，促进了渗碳体的形成。这种缺陷与铁水中残余稀土量过高和孕育不良有关。在反白口区域内，往往都存在较多的显微缩松。

2. 可锻铸铁

按照可锻铸铁的化学成分、热处理工艺及由此而导致的组织和性能之别，将其分为黑心可锻铸铁和白心可锻铸铁。黑心可锻铸铁是由白口铸铁毛坯经石墨化退火后获得团絮状石墨。白心可锻铸铁是由白口铸铁毛坯经高温氧化脱碳后获得全部铁素体或铁素体加珠光体组织（心部可能尚有渗碳体或石墨）。在黑心可锻铸铁中，又分为黑心铁素体可锻铸铁和黑心珠光体可锻铸铁，见图 18-13 所示。我国应用最多的是黑心铁素体可锻铸铁。通常所指的黑心可锻铸铁即指黑心铁素体可锻铸铁，其组织是团絮状石墨和铁素体，见图 18-13（a）所示。由于团絮状石墨对金属基体的割裂作用远比片状石墨小，因此可锻铸铁的性能介于灰铸铁与球墨铸铁之间。

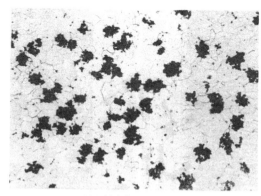　　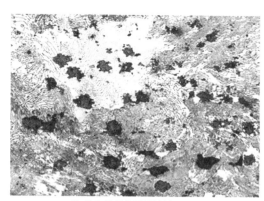

(a) 黑心铁素体可锻铸铁　　　　　　　　(b) 黑心珠光体可锻铸铁

图 18-13　KTH300-06 铸铁石墨化退火组织（100×）

我国的黑心可锻铸铁的牌号是按其力学性能指标划分的，共分为八级，即 KTH300-06，KTH300-06，KTH350-10，KTH370-12，KTH450-06，KTH550-04，KT11650-02，KTH700-02，牌号中前面的数字表示其具有的抗拉强度 R_m（MPa），后面的数字为其伸长率 A（%）值。

（1）黑心可锻铸铁的石墨及检验

白口铸铁在退火过程中，退火石墨也要经过石墨形核和石墨长大两个阶段。在正常的退火温度下，使退火石墨呈团絮状。如果退火温度过高，或含硅量过高，使退火石墨的紧密度降低，而出现絮状或蠕虫状石墨。

在固态石墨化过程中形成的退火石墨不同于从液态中直接析出的石墨。退火石墨松散，易受侵蚀，所以侵蚀后一般呈黑色。

① 石墨形状　常见的石墨形状有以下几种。

团球状——石墨较致密，外形近似圆形，边界凹凸。

团絮状——似棉絮，外形较不规则，如图 18-14（a）所示。

絮状——石墨较团絮状松散，如图 18-14（b）所示。

蠕虫状——石墨松散，似蠕虫状石墨聚集，如图 18-15 所示。

枝晶状——石墨由较多细小短片状、点状聚集而成，呈树枝状，如图 18-16 所示。

根据 JB/T 2122—1977《铁素体可锻铸铁金相检验》标准石墨形状分为五级，见图 18-17 和表 18-6 说明。

(a) 团絮状 　　　　　　　　　　　　　　　　　　　(b) 絮状

图 18-14　KTH300-06 铸铁石墨形状（100×）

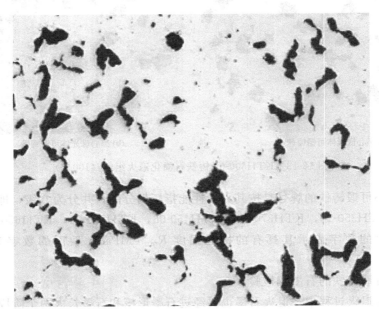

图 18-15　黑心可锻铸铁的蠕虫状石墨（100×）

表 18-6　可锻铸铁的石墨分级

级别	说　　明
1	石墨大部分呈团球状,允许不大于 15%(体积分数)团絮状存在,不允许枝晶石墨存在
2	石墨大部分呈团球状、团絮状,允许不大于 15%(体积分数)絮状等石墨存在,不允许枝晶石墨存在
3	石墨大部分呈团絮状、絮状,允许不大于 15%(体积分数)蠕虫状及小于 1%(体积分数)枝晶石墨存在
4	蠕虫状石墨大于 15%,枝晶状石墨小于 1%(体积分数),如图 18-7
5	枝晶状石墨大于或等于试样截面的 1%(体积分数)

　　② 石墨分布　可锻铸铁中的石墨分布一般应当均匀分布,按照分布级别分为 3 级:1 级为石墨均匀或较分布;2 级为石墨分布不均匀,且无方向性;3 级为石墨有方向性分布。

　　(2) 黑心可锻铸铁的基体组织及检验

　　主要是对珠光体和渗碳体及表皮层厚度的检验。

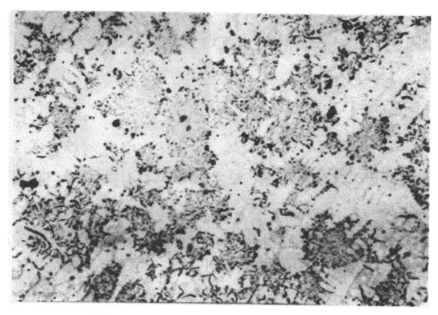

图 18-16 黑心可锻铸铁的枝晶状石墨 (200×)

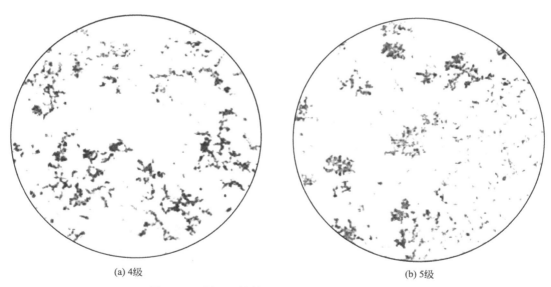

(a) 4级   (b) 5级

图 18-17 黑心可锻铸铁的石墨形状级别 (100×)

① 珠光体残余量　按照 JB/T 2122—1977《铁素体可锻铸铁金相检验》标准分为五级。

② 渗碳体残余量。

③ 表皮层厚度　是指出现在铸件外缘的珠光体层或铸件外缘的无石墨铁素体层。按照 JB/T 2122—1977《铁素体可锻铸铁金相检验》标准分为四级。

3. 蠕墨铸铁

蠕墨铸铁的石墨结构处于灰铸铁的片状石墨和球墨铸铁的球状石墨之间，特征是石墨的长和厚之比较小，在光学显微镜下，片厚且短，两端部圆钝，如图 18-18 所示。

蠕墨铸铁的金相检验包括蠕化率和基体组织（珠光体的数量）的检验。如图 18-19 所

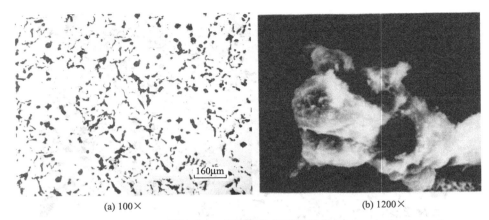

(a) 100×   (b) 1200×

图 18-18　蠕墨铸铁的石墨形态

示，(a) 图中石墨呈蠕虫状石墨和球团状石墨，蠕化率85%；(b) 图中石墨呈蠕虫状石墨和部分开花状石墨，蠕化率95%。在图18-20中，(a) 图珠光体数量为20%～30%，(b) 图珠光体数量为40%～50%。

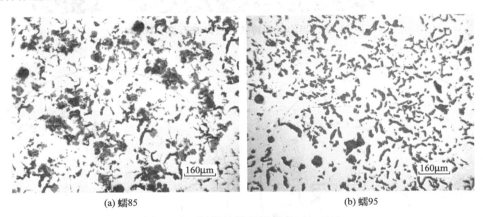

(a) 蠕85   (b) 蠕95

图 18-19　蠕墨铸铁的蠕化率（100×）

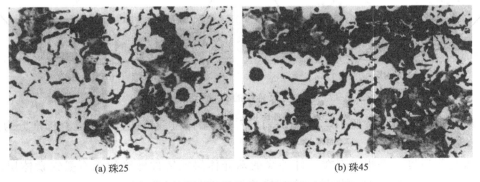

(a) 珠25   (b) 珠45

图 18-20　蠕墨铸铁的珠光体级别（100×）

三、实验仪器及材料

1. 实验仪器

数码金相显微镜，金相摄影软件。

2. 实验材料

球墨铸铁、可锻铸铁、蠕墨铸铁试样若干。

四、实验内容及步骤

1. 观察球墨铸铁、可锻铸铁、蠕墨铸铁的各种状态的显微组织。
2. 根据每个试样的实验内容画出组织图，在图中注明各组织组成物。
3. 根据相应检验标准评定级别，标明放大倍数。

五、实验报告及要求

1. 写出实验目的。
2. 写出球墨铸铁、可锻铸铁和蠕墨铸铁的主要牌号及金相检验内容。
3. 画出球磨铸铁中的侵蚀前和侵蚀后的组织，网状铁素体组织，等温淬火后的上贝氏体和下贝氏体组织组织。
4. 画出黑心可锻铸铁的石墨形态并评定级别，画出蠕墨铸铁侵蚀后的组织并评定珠光体含量。

六、思考题

1. 球墨铸铁中的铁素体有几种？球墨铸铁等温淬火组织的金相检验应包括哪些内容？
2. 黑心铁素体可锻铸铁的金相检验应包括哪些内容。

实验十九　渗层的组织观察与检验

为了提高某些机械零件表面的耐磨性、抗蚀性以及抗疲劳性能，而心部仍具有良好的强度和韧性，工业上一般采用化学热处理来实现。将零件与化学物质接触，在高温下使有关元素进入零件表面的过程称为化学热处理。包括渗碳、渗氮、碳氮共渗、渗硼、渗金属等。因为这些工艺都是使零件的表面一定深度内的组织与结构有所改变。由于机械零件的失效和破坏大多数都萌发在表面层，特别在可能引起磨损、疲劳、金属腐蚀、氧化等条件下工作的零件，表面层的性能尤为重要。经化学热处理后的钢件，心部为原始成分的钢，表层则是渗入了合金元素的材料。心部与表层之间是紧密的晶体型结合，可以大幅提高零件的耐磨性、疲劳强度和抗蚀性与抗高温氧化性。渗层的金相检验就是对改变了的表层组织进行检查，以便按照相关的技术条件进行评定，以保证表面处理后的零件质量。

一、实验目的及要求

1. 掌握渗碳层、碳氮共渗层、氮化层、渗硼层组织的检验和评级方法。
2. 正确使用金相标准进行评级。

二、实验原理

1. 钢的渗碳层的组织检验

（1）渗碳后缓冷状态的组织

渗碳钢的含碳量一般<0.77%，属于低碳亚共析钢。低碳钢渗碳后表层含碳量较高，一般在0.8%～1.0%，相当于过共析钢。在缓冷条件下，从工件表面到内部，碳元素的浓度

逐步减少。渗碳缓冷的组织由三部分组成（见图 19-1 所示）：第一层为过共析层，组织为片状珠光体及网状渗碳体；第二层为共析层，组织为片状珠光体；第三层为亚共析层，组织为片状珠光体及铁素体，铁素体数量愈来愈多至心部。缓冷条件下，最外层的碳浓度较高，出现网状、半网状或者颗粒状渗碳体属于正常现象。但淬火后网状、半网状碳体应被消除掉，若继续存在将使零件表面脆性增加，对应用不利。

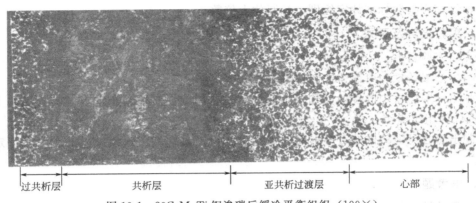

过共析层　　　　　共析层　　　　　亚共析过渡层　　　　　心部

图 19-1　20CrMnTi 钢渗碳后缓冷平衡组织（100×）

（2）渗碳后的热处理

① 渗碳后直接淬火　由于渗碳工艺的温度较高（达到 930℃），在这个温度下直接淬火得到的马氏体针粗大，同时存在较多的残留奥氏体，见图 19-2 所示。虽然沿晶界析出的网状碳化物较少，但淬火应力太大，容易产生裂纹。因此渗碳后一般将温度降至 860～880℃进行淬火以减少淬火应力，但碳化物析出明显，马氏体组织仍较为粗大。因此，渗碳后采用直接淬火工艺的材料一般为本质细晶粒钢或者合金渗碳钢，并注意渗碳时表面的碳浓度不要太高。

图 19-2　20CrMnTi 钢渗碳后直接淬火后的组织（500×）

② 渗碳后一次淬火和低温回火 渗碳后缓冷的工件可以采用一次淬火＋低温回火的热处理工艺。加热温度一般为840～860℃，保温后淬火，随后进行低温回火。这时在碳浓度最高的表层组织是：细针状马氏体＋少量的残留奥氏体＋少量的颗粒状碳化物，见图19-3所示。当一次淬火后表层无网状碳化物组织，次表层组织中马氏体针叶属于中等长度，心部组织是低碳马氏体时属于合格热处理工艺。因此，应当严格控制一次淬火工艺中的加热温度。

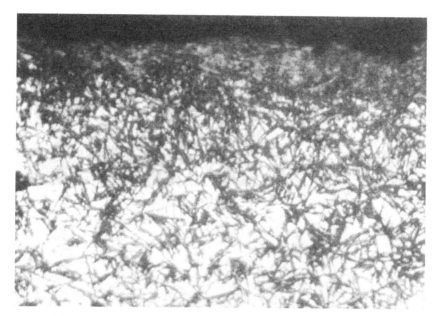

图19-3 20CrMnTi钢920℃渗碳后860℃淬火后的组织（400×）

③ 渗碳后二次淬火＋低温回火 一次淬火后，若工件表层组织中存在网状渗碳体时，可采用二次淬火的热处理方式来消除网状碳化物及细化表层组织。渗碳后表层碳浓度偏高，容易出现网状碳化物组织，一次淬火对消除这种网状组织效果不大。同时由于一次淬火一般温度偏高，组织粗大。而第二次淬火选择加热温度一般为780～800℃，低于一次淬火的温度。在此温度下保温使得奥氏体充分溶解碳化物后，用油淬可得到较细小的针状马氏体＋少量残余奥氏体＋少量颗粒状碳化物的组织，大大提高了表层的硬度和耐磨性。20Cr钢二次淬火后的组织见图19-4。

（3）渗碳层深度的测定

渗碳后表层渗碳层深度的测定方法有：断口法、金相法、显微硬度法和剥层化学分析法。

① 断口法 此方法是在进行渗碳处理时，随炉放置一开环形缺口的圆试棒，工件出炉直接淬火，然后打断。用肉眼可观察到渗碳层呈白色瓷状细晶粒的断口，见图19-5所示。用读数显微镜测量渗碳层深度。此方法测量渗层深度快速简洁，但误差较大。

② 金相法 金相法是实验室以及生产中常用的检测渗层深度的方法之一。试样一般在缓冷退火状态下进行检测，主要有四种不同方式确定渗层深度。

a. 从试样表面测到过渡层之后为渗层深度，即过共析层＋共析层＋过渡层。并且规定过共析层＋共析层之和不得小于总渗碳层深度的40%～70%，保证渗层过渡不能太陡，有

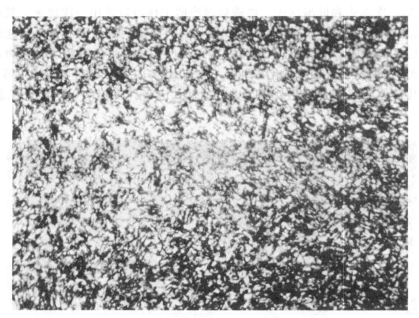

图 19-4　20Cr 钢二次淬火后的组织（400×）

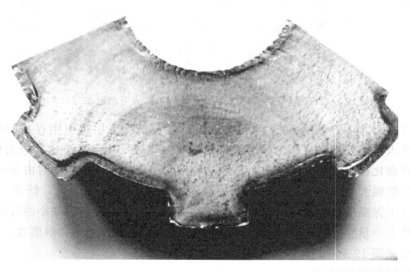

图 19-5　20CrMnTi 钢 930℃渗碳，880℃淬火回火后的断口（10×）

一定的坡度。

　　b. 把过共析层＋共析层＋1/2 过渡层之和作为渗层深度。此方法和断口法测定深层深度的结果相近。

　　c. 从渗层表面测量到体积分数为 50％珠光体处作为渗碳层总深度。这种方法在实际操作中，对判定 50％珠光体界限误差较大。

　　d. 等温淬火法。如 18Cr2Ni4W 属马氏体钢，没有平衡组织，难于直接检测其渗层深度。对于此钢种可以在 850℃加热，然后在 280℃等温数分钟后水冷，观察其金相组织，见图 19-6 所示。渗碳后，表层含碳量较高，使得 M_s 点下移，在 280℃等温时，在含碳量＞

0.3%的区域形成 M；而近于 0.3%的区域 M_s 点高，280℃等温相当于进行了回火处理，形成回火马氏体，试样侵蚀形成白色区域和黑区的界线。

图 19-6　18Cr2Ni4W 钢渗碳后 850℃加热 280℃等温后的组织（400×）

③ 显微硬度法　显微硬度法适用于淬火、回火件渗层深度的检验。检测时，通过显微镜度计，使用 9.8N 负荷，以试样边缘起测量显微硬度值的分布梯度，见图 19-7 所示。

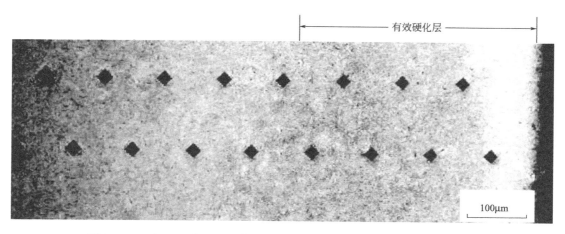

有效硬化层

100μm

图 19-7　20CrMnTi 钢 910℃渗碳 860℃淬火回火后的有效硬化层（100×）

有效硬化层深度用 DC 表示：由表面向里测到 550HV 处的垂直距离，见图 19-8 所示。此方法适合于有效硬化层＞0.3mm 的工件；基体硬度＜450HV 的工件；基体硬度为有效硬化层 3 倍处，如硬化层为 1mm，基体硬度位置 3mm；当基体硬度＞450HV 时，需协商后确定有效硬化层深度。有争议时显微硬度法为唯一可采用的仲裁法。

④ 剥层化学分析法　取渗碳随炉的棒状试样，按每次进刀量 0.05mm 车削后，分别将切屑用化学分析法测定其碳元素的含量。这种方法对渗碳中的碳浓度分析较准确，但费时费

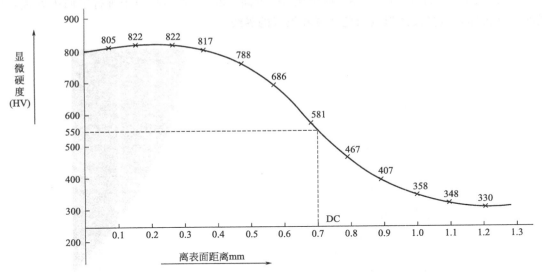

图 19-8　20CrMnTi 钢渗碳淬火回火后的有效硬化层深度

力，常用于调试生产工艺。

（4）渗碳层的主要检测内容

以 20CrMnTi 钢汽车渗碳齿轮为例，见图 19-9 所示，渗碳层的检验内容如下。

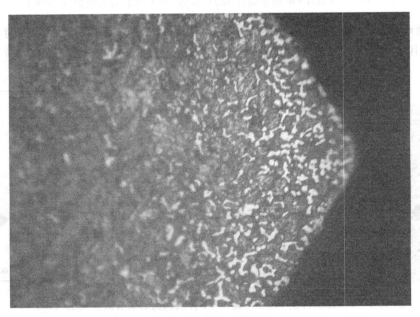

图 19-9　20CrMnTi 钢齿轮渗碳齿顶部位金相组织图（400×）

① 碳化物的检验　主要在 400× 下观察，以齿角和工作面的金相组织和标准图片进行比较，评定碳化物的数量、形状、大小分布情况等。

② 马氏体的检验　将试样进行浅侵蚀，以明显显示马氏体针的长度；检验时在 400× 下，选取马氏体针最长的部位和标准图片进行比较评定是否合格。

③ 残余奥氏体的检验　和马氏体的检验同时进行，一般残余奥氏体的含量应当小

于 30%。

　　④ 心部铁素体的检验　检查部位一般在齿顶 2/3 处，检验铁素体的数量、形状、大小分布情况等。

2. 钢的碳氮共渗层的检验

　　碳和氮两种元素同时渗入金属零件表面的工艺称为碳氮共渗。碳氮共渗工艺使工件表面具有良好的抗咬合性特点，氮元素的渗入可提高工件的耐腐蚀性。碳氮共渗处理温度低于渗碳处理，可直接淬火，零件变形小，故应用范围广泛。碳氮共渗处理的温度范围很宽，从 500～950℃ 之间均可共渗，根据温度可分为低温、中温、高温三种碳氮共渗方法。500～600℃ 之间为低温碳氮共渗，以渗氮为主，碳的渗入极微，即软氮化；760～860℃ 之间为中温碳氮共渗，碳和氮的渗入量均适当，能得到较高的硬度；900～950℃ 之间为高温碳氮共渗，以渗碳为主，氮的渗入量极微小，称为渗碳处理。

　　（1）碳氮共渗层缓冷后的组织

　　零件在碳氮共渗后缓冷的组织由表及里分为三层，见图 19-10 所示。第一层为几微米厚的富氮层，即白亮的 ε 相，较厚时或者制样不当易剥落；第二层为共析层，组织为珠光体，并固溶一定的氮；第三层为亚共析的过渡层，组织为片状珠光体＋一定量的铁素体。

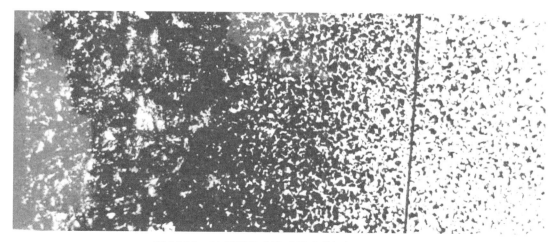

图 19-10　20 钢碳氮共渗后缓冷的组织（100×）

　　（2）碳氮共渗淬火后的组织

　　碳氮共渗直接淬火后的组织为针状含氮的马氏体，见图 19-11 所示。在确定渗层深度时由表层向内部测至最后一根针处。有时表层存在一定量的碳氮化合物，呈块状、小条状属正常组织。若碳氮浓度太高，会出现大块状碳氮化合物，将影响使用。碳氮共渗淬火后心部组织为板条马氏体或马氏体＋少量铁素体。

　　（3）碳氮共渗层深度的测定

　　和渗碳层的深度检验方法类似，碳氮共渗层深度的测定方法主要有以下几种。

　　① 金相法　深层深度为三层之和，由表面一直测到与心部组织明显交界处。

　　② 显微硬度法　当渗层深度大于 0.3mm 时，与渗碳件的检验方法相同；当深度小于 0.3mm 时，采用较小的 300g 载荷进行检验。

3. 钢的渗氮层的组织检验

　　渗氮处理按工艺分类，分为气体渗氮、离子渗氮、低温碳氮共渗（软氮化）等。

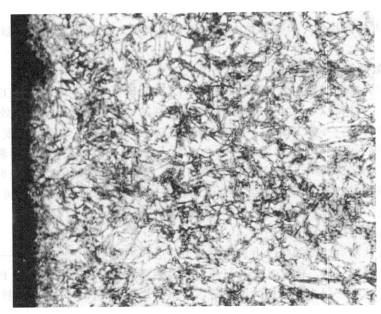

图 19-11   20CrMnTi 钢碳氮共渗后 880℃直接淬火后的组织（400×）

（1）渗氮层中出现的相

按铁氮二元相图，氮固溶于铁中形成间隙式固溶体，随着铁中含氮量的增加形成了各种相。

①α相   含氮的铁素体，室温下 α 溶氮 0.004%，590℃时为 0.1%。

②γ相   含氮奥氏体，是间隙固溶体，最大溶氮为 2.8%，平衡状态为 α＋γ 共析体，快冷为含氮马氏体。

③γ′相：化合物相，以 Fe_4N（w_N＝5.9%）为基的可变成分化合物，室温时 N 的质量分数为 5.7%～6.1%。

④ε相化合物相   成分变化较宽的 Fe-N 化合物，其中 $Fe_{2\sim3}N$ 的质量分数为 8.1%～13.1%之间；$Fe_2N > 11.1\%$。随温度下降 ε 析出 γ′相。

⑤η相化合物   是 ε 相的变体。由于晶格畸变更加厉害，脆性大，使零件表面不允许出现的相。

（2）低温碳氮共渗层组织

渗氮后氮化层由化合物层（白亮层）和氮扩散层组成，两者之和为氮化层深度。按照铁氮相图，由表及里氮化组织为 ε、ε＋γ′、γ′、γ′＋α 和 α 五层。其中 ε、ε＋γ′、γ′层不易侵蚀，呈白色，称为白亮层，制样不当时易脱落。γ′＋α 和 α 层侵蚀后呈黑色，称为扩散层。

在图 19-12 中 38CrMoAl 经过调质后表层气体渗氮后的组织中，第一层为 ε 相（Fe_2N），呈白亮显示；第二层为扩散层，含有 γ′（Fe_4N）和高弥散的氮化物质点（AlN、CrN、MoN等）；心部组织为回火索氏体。38CrMoAl 钢在供应状态下为珠光体和铁素体，零件在氮化前均经过调质处理。一般在 930～950℃淬火，620～650℃回火，成为均匀的回火索氏体，强韧性很好。只有在这种状态下，氮化后才能获得优良的渗层与心部组织。

离子渗氮是在低真空（<2000Pa）含氮气氛中，利用工件（作为阴极）和阳极之间产

渗氮层

图 19-12　38CrMoAl 钢调质后渗氮组织（400×）

生的辉光放电进行的渗氮的工艺。其特点是：渗氮速度快；组织易控制，氮层脆性小；变形小；易保护；节约能源；污染少。离子渗氮后的组织见图 19-13、图 9-14 所示。

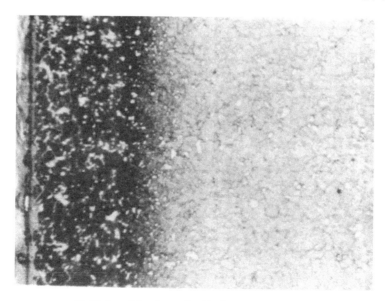

图 19-13　W18Cr4V 离子氮化的组织（500×）

　　在图 19-13 中，W18Cr4V 钢在表层渗氮后表层有少量 ε 相化合物（白色），次表层为含氮化合物的扩散层（颜色较暗），与表面有明显界限，心部组织为隐针马氏体＋碳化物＋残余奥氏体组织。在图 19-14 中 20 钢在离子氮化后进行回火处理，在表层会出现黑色针状 γ' 相（Fe_4N）。在确定渗氮层深度时，可以从表面测至最后一根 γ' 针出现的位置为渗氮层

图 19-14　20 钢离子氮化 300℃回火后的组织（400×）

深度。

　　低温氮碳共渗（软氮化）是 Fe-C-N 三元共析温度以下对工件进行碳氮共渗的一种热处理工艺，见图 19-15 所示的 3Cr2W8V 钢软氮化后的组织：最表层为白亮层 ε 相＋γ′相，次外层为扩散层有极少量呈脉状分布的氮化物和含氮索氏体，心部组织为索氏体。它以渗氮为主，碳的渗入极微。低温氮碳共渗工艺能显著提高工件的耐磨性、抗咬合性和耐蚀性。

图 19-15　3Cr2W8V 钢软氮化后的组织（500×）

　　氮碳共渗后的组织为：表层为白色氮化物层和黑色扩散层组成。在白亮化合物层的最表层存在一层黑色点状微孔疏松区，见图 19-16 所示，这是氮碳共渗的主要组织特征。少量微孔有利于储存润滑油、提高零件的耐磨性，但大量的疏松孔洞存在将严重影响到零件的性能。在图 19-16 中基体组织为铁素体＋片状珠光体，未经过调质处理。铁素体和片状珠光体不利于氮元素的扩散，故图中未见到氮的弥散相。

图 19-16　40Cr 钢 570℃碳氮共渗后油冷淬火组织（500×）

（3）渗氮层组织评定和深度测定

渗氮层的主要检验内容有：渗氮层深度、渗氮层脆性、渗氮层疏松和脉状氮化物。在制样时不允许出现过热、倒角和剥落现象，不允许把化合物层磨掉。渗氮前工件原始组织表面不允许出现脱碳，组织为回火索氏体 $S_{回}$ 并控制铁素体体积分数<15％，重要工件铁素体含量<5％。

① 渗氮层深度的测定方法

a. 显微硬度法：采用 2.94N（0.3kgf）载荷，从试样表面测至 50HV 处的垂直距离为渗氮层深度。基体硬度要在渗氮层深度距离三倍左右处所测得的硬度值（取三点平均）。对渗氮层硬度变化很平缓的工件（碳钢或者低碳低合金钢），其渗氮层可以沿试样表面垂直方向测至比基体硬度值高 30HV 处。渗氮层深度用 DN 表示，单位 mm，取小数点后两位。

b. 金相法：放大 100× 或 200×。从试样表面沿垂直方向测至与基体组织有明显分界处即为渗层深度。若有争议，硬度法为仲裁法。

② 渗氮层脆性、渗氮层疏松和脉状氮化物的检验　渗氮层脆性的检验：用维氏硬度计，实验力 98.07N（10kgf），缓慢加载（98s 内完成），保荷 5～10s 后卸载。特殊情况用 49.03N（5kgf）、294.21N（30kgf），但需要换算，见表 19-1 所示。

表 19-1　渗氮层脆性检验级别换算表

实验力/N(kgf)	压痕级别换算				
49.03(5)	1	2	3	4	4
98.07(10)	1	2	3	4	5
294.21(30)	2	3	4	5	5

　　压痕在 100× 下进行检验，如图 19-17 所示。每件至少测三点，其中两处以上处于相同级别时才能定级，否则重复测定。根据压痕边角碎裂程度分为 5 级。一般工件 1～3 级合格，重要工件 1～2 级合格。

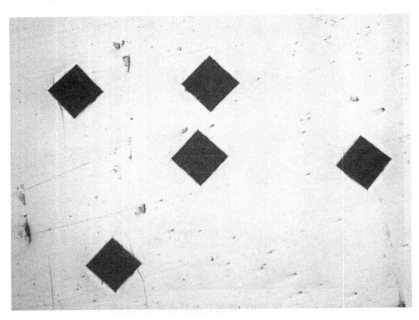

图 19-17　38CrMoAl 氮化后测渗氮层脆性 1 级（100×）

　　渗氮层疏松检验：渗氮层处理后，工件表面允许一定量的疏松孔存在。疏松按表面化合物层内微孔的形状、数量、密集程度分为 5 级。在 500× 下选取疏松严重部位（见图 19-18），和标准图片比较，一般工件 1～3 级合格，重要工件 1～2 级合格。

图 19-18　45 钢调质软氮化观察化合物疏松（500×）

　　渗氮扩散层中氮化物检验：在渗氮前晶粒粗大，或者表层存在脱碳现象时，渗氮后扩散层会出现脉状氮化物，见图 19-19 所示。脉状氮化物易造成表面渗层脆性增加，易剥落。在检验时根据扩散层脉状氮化物的形状、数量、分布，取组织最差的部位放大 500×，进行检验，对于气体渗氮或离子渗氮件必须进行检验。

图 19-19　38CrMoAl 氮化观察到的脉状氮化物（500×）

　　（4）钢的渗氮层缺陷组织

　　在渗氮处理后，工件中出现的主要缺陷有未经调质而直接氮化的缺陷和氮化表层的针状、脉状与网状氮化物缺陷两种。如果热轧钢材或锻坯直接进行氮化，未经调质处理往往使零件表层脆性增大。而渗氮处理时出现脱碳层或者渗氮工艺不当，氨气中含水量过高，易造成氮化层表面出现粗大的严重的脉状氮化物，甚至网状的氮化物缺陷。

4. 钢的渗硼层的组织检验

　　将硼元素渗入钢表面的化学热处理称为渗硼。渗硼层的最表面硬度高达 1400～2000HV，使渗硼零件具有较高的耐磨性、耐热性、高温抗氧化性和抗腐蚀性。

　　（1）渗层组织

　　工件渗硼后的组织由表及里依次分为 FeB-Fe_2B-过渡区-基体组织，即由硼化物层、过渡层和基体组织三部分组成。表层 FeB 和 Fe_2B 的显微组织呈锯齿或指状插入 α 基体中。锯齿的明显程度取决于钢的成分。一般低碳钢明显，随钢中碳元素和合金元素的增多，锯齿变得平坦，使硼化物与基体的结合强度变弱，见图 19-20 所示。

　　由于硼化物不溶碳，可将碳元素排入锯齿中间或过渡层面形成 $Fe_3(BC)$ 化合物。渗层组织由 FeB 和 Fe_2B 双相组成，也可以由 Fe_2B 单相组成，呈指状或齿状插入金属基体，齿间或指间为 $(Fe、M)_xC_y$ 相。见图 19-21 中渗硼层中的 Fe_2B 和呈羽毛状或针状析出的 $Fe_3(CB)$。用三钾试剂可以区分 FeB 和 Fe_2B，一般 FeB 呈棕褐色，Fe_2B 被染成浅黄色，基体颜色不变，见图 19-22 所示。

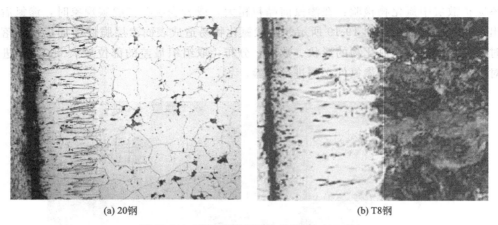

(a) 20钢　　　　　　　　　　　　　　(b) T8钢

图 19-20　碳钢渗硼后缓冷的组织（400×）

图 19-21　T8 钢渗硼层中 Fe_2B 和 $Fe_3(CB)$（400×）

（2）渗硼层测定

渗硼层深度要求 $0.1\sim0.2mm$，由于硼化物呈锯齿形，JB/T 7709—95 标准在金相法中规定了 3 种测定方法。

① 用于含碳量小于 0.35% 的材料。由于峰和谷相差大，视场中测 5 个谷的深度取平均值。

$$h=（谷_1+谷_2+谷_3+谷_4+谷_5）/5$$

② 用于含碳量 0.35%～0.60% 的材料。渗层为指状，渗层明显。测量时取 5 组峰谷，分别测量峰和谷的深度，两者平均后再用 5 组平均值。

$$h=[（峰_1+谷_1）/2+\cdots\cdots+（峰_5+谷_5）/2]/5$$

③ 用于含碳量大于 0.60% 的材料。渗层略有齿状或波浪状，峰谷不明显。测量时取 5 出较深层的平均值。

图 19-22 45 钢渗硼层中 FeB 和 Fe_2B（400×）

$$h=(h_1+h_2+h_3+h_4+h_5)/5$$

（3）渗硼层硬度的测定

按照 GB/T 9790—1988《金属覆盖层及其他有关覆盖层维氏和努氏显微硬度试验》检测标准，实验时实验力为 1.0N，在制备好的试样横截面上选择致密无疏松的位置进行测量。显微硬度范围：FeB 约 1800～2300HV；Fe_2B 为 1300～1500HV。在不宜破坏的渗硼工件表面测硬度时，表面粗糙度保证 $R_a \leqslant 0.32\mu m$，HV 范围为 1200～2000HV。

三、实验仪器及材料

1. 实验仪器

数码金相显微镜，金相摄影软件。

2. 实验材料

渗碳试样、碳氮共渗试样、渗氮试样、渗硼试样若干。

四、实验内容及步骤

1. 观察渗碳试样、碳氮共渗试样、渗氮试样、渗硼试样的各种状态的显微组织。

2. 根据每个试样的实验内容画出组织图，在图中注明各组织组成物。

3. 根据相应检验标准评定级别，标明放大倍数。

五、实验报告及要求

1. 写出实验目的。

2. 写出渗碳层、碳氮共渗层、渗氮层和渗硼层的主要金相检验内容。

3. 画出 20CrMnTi 钢渗碳后退火组织，并标明渗碳层各部分组织组成物。

4. 画出 20CrMnTi 钢碳氮共渗直接淬火后的组织，并标明渗碳层各部分组织组成物。

5. 画出 38CrMoAl 钢调质后渗氮组织，并标明渗碳层各部分组织组成物。

6. 画出 20 钢离子氮化 300℃回火后的组织，并标明渗碳层各部分组织组成物。

7. 画出 45 钢、T8 钢渗硼后缓冷的组织，并标明渗碳层各部分组织组成物。

六、思考题

1. 渗碳层平衡状态下共分为哪几层组织？过共析层出现网状 Fe_3C 是否属合格？

2. 氮化层由哪些相组成？

3. 氮化层深度应包括哪些？其测量方法有哪几种？以何种方法为仲裁法？

4. 高速钢表面低温碳氮共渗后是否允许有白亮层？为什么？

5. 渗硼层中主要是什么相？如何区分？

第三篇　综合型实验

实验二十　焊接件的金相检验

焊接是金属材料间最有效的连接方法。焊接过程是一个加热和冷却过程。它包括在焊缝区金属的熔化凝固结晶所形成焊缝金属，和在焊缝金属邻近部位的母材由于传热所引起的加热及冷却（即热循环）作用而产生的热影响区。

一、实验目的及要求

1. 了解焊接件的金相组织和检验方法。
2. 能够对焊接件的各项检验内容进行正确的评定。

二、实验原理

焊接工艺有部分类似于炼钢和铸造，又有部分与钢的热处理相似。但由于焊接过程是一个时间短、变化复杂而完整的物理冶金过程，与普通冶金和通常的热处理有许多不同之处。焊接过程示意图如图 20-1 所示。

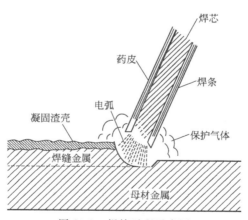

图 20-1　焊接过程示意图

焊接过程的特点如下：加热温度高；加热速度快；高温停留时间短；局部加热、温差大；冷却条件复杂；偏析现象严重；组织差别大；存在复杂的应力等。

焊接过程的以上特点，会直接影响到焊缝金属和热影响区的宏观组织和显微组织、焊接缺陷及焊接接头的性能。因此，研究焊缝的各区组织、焊接缺陷和接头的性能，必须与焊接过程的上述特点联系起来考虑。

焊接金相检验包括焊接接头的宏观检验和显微组织检验，以及焊接缺陷的检验。为了尽快地发现与解决焊接质量问题，一般先采用宏观检验分析，必要时再进行显微组织检验。

1. 焊接接头的宏观检验

焊接接头的宏观检验一般包括：焊接接头的外观质量检查及焊接接头的低倍组织分析两

个方面内容。

（1）焊接接头外观质量检验

焊接产品和焊接接头的外观质量检查是通过肉眼或放大镜对焊接接头进行的检查。

外观检查的内容很多，主要应检查焊接过程在接头区内产生的不符合设计或工艺文件要求的各种焊接缺陷。检查应按照国家标准 GB/T 6417—1986《金属熔化焊焊缝缺陷分类及说明》标准进行。GB/T 6117—1986 标准适用于金属熔化焊。

GB/T 6417—1986 标准列出的金属熔化焊焊缝缺陷分为以下六大类：裂纹、孔穴、固体夹杂、未熔合和未焊透、形状缺陷及上述以外的其他缺陷等。

第一类：裂纹（六种）

纵向裂纹（101）：基本上与焊缝轴线平行的裂纹，见图 20-2(a)，可能存在于焊缝金属中（1011）；熔合线上（1012）；热影响区中（1013）；母材金属中（1014）。

横向裂纹（102）：基本上与焊缝轴线垂直的裂纹，见图 20-2(b)，可能位于：焊缝金属中（1021）；热影响区中（1023）；母材金属中（1024）。

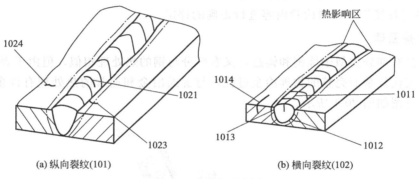

(a) 纵向裂纹(101)　　　　　　　(b) 横向裂纹(102)

图 20-2　裂纹示意图

放射状裂纹（103）：具有某一公共点放射状裂纹，见图 20-3，可能位于：焊缝金属中（1031）；热影响区中（1033）；母材金属中（1034）。

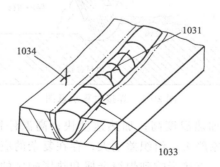

图 20-3　放射状裂纹（103）示意图

弧坑裂纹（104）：在焊缝收弧弧坑处的裂纹，见图 20-4，可能是纵向的（1045）；横向的（1046）。

间断裂纹群（105）：一组间断的裂纹，见图 20-5(a)，可能位于焊缝金属中（1051）；热影响区中（1053）；母材金属中（1054）。

枝状裂纹（106）：由某一公共裂纹派生的一组裂纹，它与间断裂纹群（106）和放射状

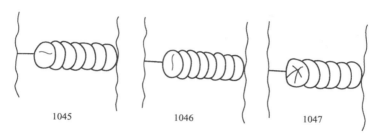

图 20-4 弧坑裂纹（104）示意图

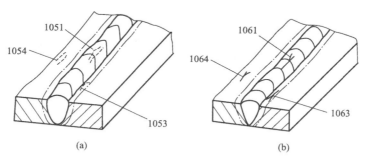

图 20-5 间断裂纹群（a）（105）和枝状裂纹（b）（106）

裂纹群（103）不同，见图 20-5(b)，可能位于：焊缝金属中（1061）；热影响区中（1063）；母材金属中（1064）。

第二类：气孔（九种）

球形气孔（2011）：近似于球形的空穴，见图 20-6(a)。

均布气孔（2012）：大量气孔比较均匀地分布在整个焊缝金属中，见图 20-6(b)，不要与链状气孔（2014）相混淆。

局部密集气孔（2013）：气孔群，见图 20-6(c)。

链状气孔（2014）：与焊缝轴线平行的成串气孔，见图 20-6(d)。

条状气孔（2015）：长度方向与焊缝轴线近似平行的非球形的长气孔，见图 20-6(e)。

虫形气孔（2016）：由于气孔在焊缝金属上浮而引起的管状孔穴，其位置和形状是由凝固的形式和气孔的来源决定。通常，它们成群的出现并且呈人字形分布，见图 20-6(f)。

表面气孔（2017）：暴露在焊缝表面的气孔，见图 20-6(g)。

结晶缩孔（2021）：冷却过程中在焊缝中心形成的长形收缩孔穴，可能有残留气体，这种缺陷通常在垂直焊缝表面方向上出现，见图 20-6(h)。

弧坑缩孔（2024）：指焊道末端的凹陷，且在后续焊道焊接之前或在后续焊道焊接过程中未被消除，见图 20-6(i)。

第三类：固体夹杂

固体夹杂（300）：在焊缝金属中残留的固体夹杂物。

夹渣（301）：残留在焊缝中的熔渣根据其形成的情况，可分为线状的（3011）；孤立的（3012）；其他形式的（3013），如图 20-7 所示。

焊剂或溶剂夹杂（302）：残留在焊缝中的焊剂或溶剂，根据其形状的情况，可以分为线状的（3021）；孤立的（3022）；其他形式的（3023）。

氧化物夹杂（303）：凝固过程中在焊缝金属中残留的金属氧化物。皱褶（3031）：在某

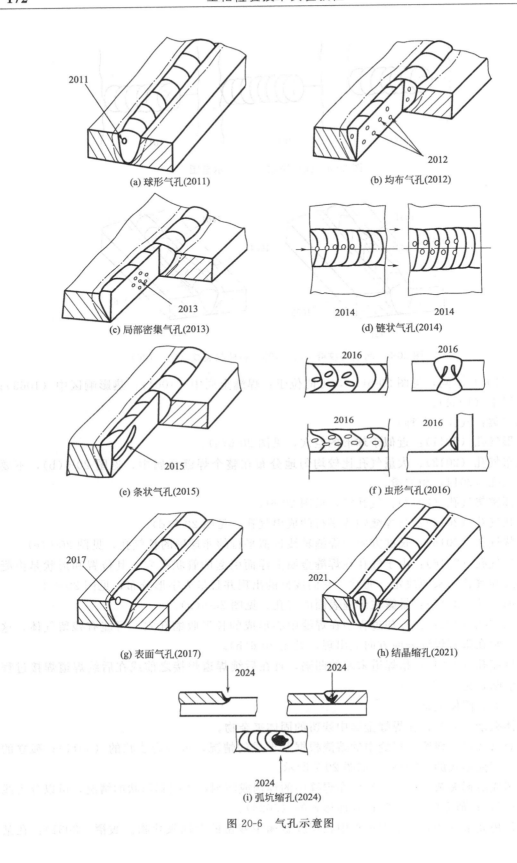

(a) 球形气孔(2011)

(b) 均布气孔(2012)

(c) 局部密集气孔(2013)

(d) 链状气孔(2014)

(e) 条状气孔(2015)

(f) 虫形气孔(2016)

(g) 表面气孔(2017)

(h) 结晶缩孔(2021)

(i) 弧坑缩孔(2024)

图 20-6　气孔示意图

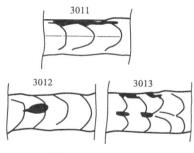

图 20-7　夹渣示意图

些情况下，特别是在铝合金焊接时，由于对焊接熔池保护不良和熔池中紊流而产生的大量氧化膜。

金属夹杂（304）：残留在焊缝金属中来自外部的金属颗粒，这种金属颗粒可能是：钨、铜、其他金属。

第四类：未熔合和未焊透

未熔合（401）：在焊缝金属和母材之间或焊道金属和焊缝金属之间未完全熔化结合的部分，它可以为：侧壁未熔合；层间未熔合；焊缝根部未熔合，如图 20-8(a) 所示。

未焊透（402）：焊接时接头的根部未完全熔透的现象，如图 20-8(b) 所示。

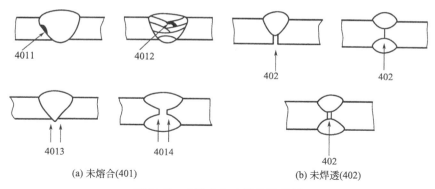

(a) 未熔合(401)　　　　　　　　　　　(b) 未焊透(402)

图 20-8　未熔合和未焊透示意图

第五类：形状缺陷

形状缺陷是指焊缝的表面形状与原设计的几何形状有偏差。GB/T 6417—1986 标准中列出的形状缺陷有咬边、缩沟、焊缝超高、凸度过大、下塌、焊缝型面不良、焊瘤、错边、角度偏差、下垂、烧穿、未焊满、焊脚不对称、焊缝宽度不齐、表面不规则、根部收缩、根部气孔、焊缝接头不良等共 18 种，如图 20-9 所示。

其他缺陷包括：电弧擦伤、飞溅、钨飞溅、表面撕裂、磨痕、凿痕、打磨过量、定位焊缺陷及层间错位等 9 种。

缺陷分析还包括对焊接接头的小试样，进行试样断口形貌、冲击、拉伸后试样外观形态焊道的表面状态等缺陷进行分析。对大型焊接结构，在运行一段时间后进行焊缝的受腐蚀和裂缝的检查等。

总之，通过焊接接头的外观质量检查，可以了解焊接结构和焊接产品的全貌，产生缺陷的性质、部位及其与焊接结构的整体关系等情况，对评定和控制焊接质量，以及防止重大事

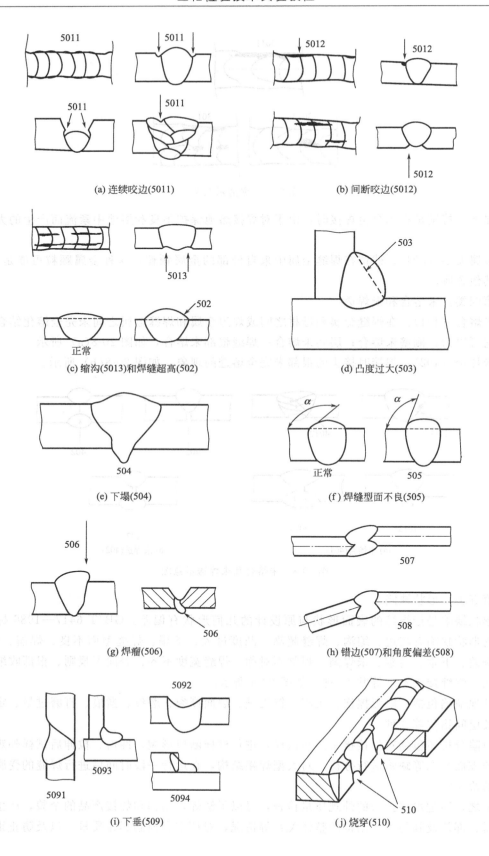

(a) 连续咬边(5011)

(b) 间断咬边(5012)

(c) 缩沟(5013)和焊缝超高(502)

正常

(d) 凸度过大(503)

(e) 下塌(504)

(f) 焊缝型面不良(505)

正常

(g) 焊瘤(506)

(h) 错边(507)和角度偏差(508)

(i) 下垂(509)

(j) 烧穿(510)

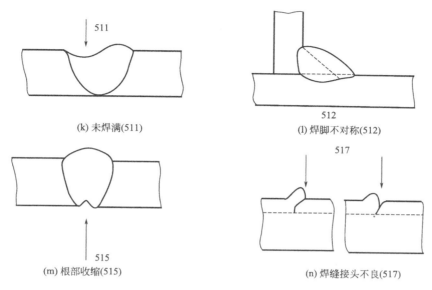

(k) 未焊满(511)　　　　　　　　　(l) 焊脚不对称(512)

(m) 根部收缩(515)　　　　　　　　(n) 焊缝接头不良(517)

图 20-9　形状缺陷示意图

故发生都是必需的。

（2）焊接接头的低倍组织检验

接头低倍检验要对接头经过解剖取样、制样（包括低倍组织显示）后才能进行。

① 焊接接头的低倍组织　切取一个熔化焊的单面焊接接头的横截面，经制样侵蚀显示宏观组织，可见焊接接头分为三部分：焊缝中心为焊缝金属，靠近焊缝的是热影响区，接头两边是未受焊接热影响的母材金属，见图 20-10、图 20-11 所示。

图 20-10　熔化焊双面焊接接头横截面的宏观低倍形貌

a. 焊缝金属。熔化焊缝又称焊缝金属，是由熔化金属凝固结晶而成。焊缝金属的组织为铸态的柱状晶，晶粒相当长，且平行于传热方向（垂直于熔池壁的方向），在熔化金属（熔池）中部呈八字形分布的柱状树枝晶。经适当侵蚀后，在宏观试样上可以看到焊缝金属内的柱状晶。

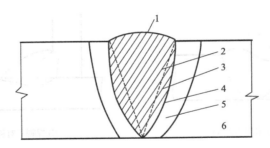

图 20-11　焊接接头宏观结构示意图

1—焊缝金属；2—焊前坡口面；3—母材金属熔化区；4—熔合线；5—热影响区；6—母材

　　b. 母材热影响区。是母材上靠近熔化金属而受到焊接热作用发生组织和性能变化的区域。母材热影响区实际上是一个从液相线至环境温度之间不同温度冷却转变所产生的连续多层的组织区。经适当侵蚀后容易受蚀，在宏观试样上呈深灰色区域。

　　c. 母材金属。即待焊接的材料。由于该区未受到焊接热作用，因此仍保持着母材原有的组织状态和性能。

　　② 焊接接头低倍组织检验的内容　焊缝柱状晶的粗晶组织及结构形态；焊接熔合线；焊道横截面的形状及焊缝边缘结合、成形等情况；热影响区的宽度；多层焊的焊道层次以及焊接缺陷，如焊接裂缝、气孔、夹杂物等。接头的断口分析也属于低倍检验，并且可以与其他检验方法（如金相、扫描电镜等微观分析法）综合分析找出接头破断的原因。具体检验项目应根据有关技术要求来确定。

　　③ 奥氏体不锈钢焊接接头低倍检验　这类钢焊接接头低倍组织的特点是，它的热影响区没有重结晶相变。其热影响区是根据对腐蚀性能的影响来区分。一般包括过热区、再固溶化温度区、稳定化热影响区和敏化热影响区四个区。

　　过热区：它是紧贴熔合线的一个狭区，在经腐蚀后的宏观试样上呈灰黑色的窄带。该区域的温度近熔化温度，受焊接热作用使奥氏体晶粒合并长大，形成奥氏体粗晶组织

　　再固溶化温度区：该区基本保持原供货固溶状态的奥氏体结构，看不出明显变化。

　　稳定化热影响区：此区温度通常低于同溶温度而高于 800℃ 范围内，对于含稳定化元素 Ti、Vb 的不锈钢会析出碳化物 TiC 或 VbC。如 18-12Mo 型不锈钢母材存在链状 α 相时，可能由 α 相转变为 σ 相。σ 相是脆性相，在腐蚀性介质中常有选择性腐蚀特性。

　　敏化热影响区：该区一般在 400~800℃ 范围内。会在奥氏体晶粒边缘析出 $Cr_{23}C_6$ 碳化物，使晶界贫铬而产生晶间腐蚀。奥氏体不锈钢焊接接头在腐蚀介质中常发生刀蚀而失效，其实质就是由于母材的受敏化温度热影响区析出铬碳化物，使晶界贫铬产生晶间腐蚀引起的晶间腐蚀沟槽。当从表面观察时非常像用刀在焊缝两侧深深地砍了两条刀痕，故称刀蚀口。

　　2. 焊接区域显微组织特征

　　熔化焊焊接接头一般由焊缝金属、焊接热影响区和母材三部分组成。

　　（1）焊缝金属的组织

　　焊缝是在加热熔化后经过结晶及连续冷却形成的。焊缝从开始形成到室温要经历加热熔化、结晶和固态相变三个热过程。因此，焊缝金属的组织中包含了两种形态：一次组织和二次组织。其中，一次组织又叫初次组织，它是焊缝在熔化状态后经形核和长大完成结晶时的高温组织形态，属于凝固结晶的铸态组织。二次组织属于固态相变组织，是在焊缝由高温态

冷却到室温过程中发生的固态相变而形成的，所以它也是室温下焊缝金属的显微组织状态。

① 焊缝金属的一次组织（凝固结晶组织）　焊缝金属的结晶似一个小钢锭，包括晶核形成和晶核长大的过程，由于焊接过程本身的特点，熔池的结晶及焊缝凝固组织具有其特殊性。

焊缝组织具有与被焊件母材连接长大和呈柱状晶分布的特征，即焊缝金属的晶粒是和母材热影响区的晶粒相连接长大的。这是由于熔合线附近未熔化的母材金属实际上起着熔池模壁的非自发晶核作用，因此焊缝一次组织的晶粒总是和熔合线附近的母材晶粒连接并保持着同一晶轴。

焊缝金属中的柱状晶生长方向与散热最快的方向一致，垂直于熔合线向焊缝中心发展。

焊缝一次组织的形态与成分的均匀度及过冷度有关。焊缝结晶形态有平面晶、胞状晶、胞状-树枝晶、柱状树枝晶和等轴树枝晶。以上五种形态的示意图见图 20-12。常见的焊缝一次组织，以柱状树枝晶最普遍。

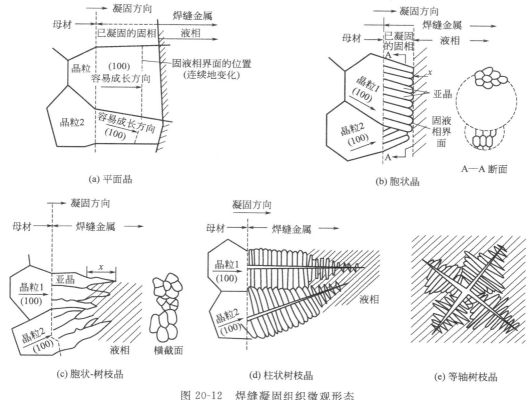

图 20-12　焊缝凝固组织微观形态

在金相显微镜下观察，每个柱状晶内有许多亚晶组成。由于结晶条件不同，柱状晶的亚晶可以有胞状晶、胞状树枝晶和柱状树枝晶三类型态。靠近熔合线的焊缝一次组织冷却速度较快通常为柱晶区。焊缝中出现等轴晶较少，只有在特殊条件下才形成等轴晶，例如在焊缝中心由于冷却速度较慢，尤其在焊缝中心靠近横断面上表面处，有时会出现等轴树枝晶。

焊缝又可分为多层焊和单层焊。单层焊柱状晶较粗大，且有过热特征，如有魏氏组织存在。多层焊由于反复熔化、结晶，有些柱状晶经受了再加热，发生了重结晶，获得了细小晶粒，因此，多层焊有柱状晶也有等轴晶。

　　低碳低合金钢焊缝一次组织主要为胞状晶和树枝晶。树枝晶又分胞状树枝晶、柱状树枝晶和等轴树枝晶三种。

　　奥氏体钢的焊缝一次组织，仍保留着凝固后的结晶形态特征，奥氏体胞状树枝晶和胞状晶形态较完整。

　　② 焊缝金属的二次组织（固态相变组织）　高温奥氏体连续冷却至室温，发生相变使焊缝的高温组织转变成室温组织，即二次组织（固态相变组织）。不同焊接材料的焊缝，它们的二次组织也有差异。

　　低碳钢焊缝二次组织大部分是铁素体＋少量珠光体。其中铁素体沿原奥氏体晶界析出。从中也可看出一次组织的柱状轮廓，称为柱状铁素体。此外，还可能存在部分魏氏组织铁素体。若固态的冷却速度加快，即使是低碳钢，除出现铁素体外，还会出现贝氏体。

　　低合金钢，如16Mn，20G钢在一般冷却条件下的二次组织是铁素体＋少量珠光体。冷却快时出现贝氏体组织，用硝酸酒精溶液侵蚀时，低合金钢焊缝组织常见有先共析铁素体、层状组分、针状铁素体、粒状贝氏体、珠光体、马氏体等。其中层状组分（如板条铁素体）是从奥氏体晶界出发排列整齐的铁素体板条，具有类似魏氏组织铁素体侧板条的平行排列结构它是从先共析铁素体为基向奥氏体晶内生长而成的组织。

　　当钢中合金元素种类多、合金总量也较多时，二次组织中会出现贝氏体和马氏体。尤其是高强度钢一般出现贝氏体，或贝氏体＋马氏体混合组织。

　　（2）熔合线组织特征

　　熔化焊焊缝是由焊接填充材料与母材熔合部分相互混合后，形成的熔化组织。这种"混合"是不均匀的，如图20-13所示。熔化焊缝（焊缝金属）区内实际上由三部分组成：焊缝中的液态填充金属与母材金属完全混合熔化区；焊缝中未混合的母材金属熔化区；母材中部分熔化区。

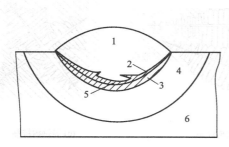

图20-13　焊接接头金属的区域组成示意图

1—焊缝中的完全混合熔化区；2—焊缝中的未混合熔化区；3—母材中的部分熔化区；4—受热影响的母材区（热影响区）；5—实际的熔化与未熔化部分的分界线；6—未受热影响的母材区

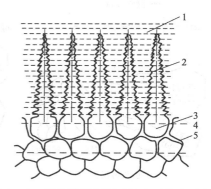

图20-14　焊缝结晶凝固时熔合区状态示意图

1—熔融的焊缝金属；2—成长中的晶体；3—母材近缝区晶粒；4—熔合线；5—熔化的晶界

　　由图20-13可见，在焊缝与母材热影响区之间存在着一个组织与成分有特征的过渡区，它就是焊接接头中的熔合区，即熔合线。微观上看，熔合线是液固两相共存的熔合区，是焊缝与母材间的过渡区，它处于母材的部分熔化区中与母材的固态晶体相连接的区域。熔合线所处的位置和状态如图20-14所示。

部分熔化区由于宽度极小，在金相显微镜下经常看不到，只有在试剂显示下，才可以看到焊接接头的熔合线。

（3）焊缝热影响区组织特征

① 焊缝热影响区的组织　焊接热影响区是母材在焊接时于不同峰值热循环作用下形成的一系列连续变化的梯度组织区域。

焊件距离熔池远近与受热程度的影响大小成反比，离熔池愈近，受热影响愈大；离熔池愈远，受热影响愈小。远离熔池到一定距离时，被焊件的原始组织未发生变化。

现以 20 钢为例，分析焊接热影响区的组织变化。可用图 20-15 表示热影响区和焊接热循环曲线及铁碳状态图之间的关系。

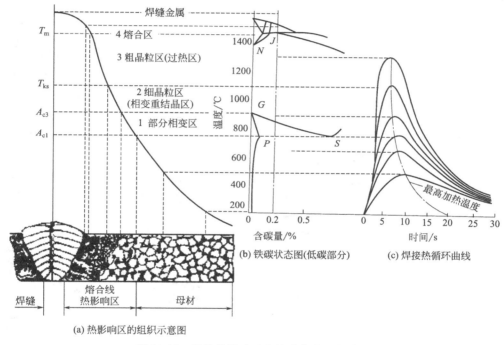

(a) 热影响区的组织示意图

(b) 铁碳状态图(低碳部分)

(c) 焊接热循环曲线

图 20-15　焊接热影响区和铁碳状态图的关系

温度在 A_1 以下的区域，组织仍保持母材（热轧态）的原始组织（铁素体＋珠光体呈带状分布）。

组织发生显著变化的热影响区可划分为四个区域（见图 20-15）。

部分相变区（不完全重结晶区）：加热温度范围在 $A_{c1} \sim A_{c3}$ 之间，20 钢的 $A_{c1} \sim A_{c3}$ 相当于 $750 \sim 900 ℃$。冷却后的组织为未发生转变的铁素体＋经部分相变后的细小珠光体和铁素体。

相变重结晶区（细晶粒区）：加热温度范围 $A_{c3} \sim T_{ks}$，T_{ks} 为晶粒开始急剧粗化的温度。该区空冷后得到均匀细小的铁素体＋珠光体。相当于热处理中的正火组织，故又称为正火区。

过热区（粗晶粒区）：加热温度范围 $T_{ks} \sim T_m$，T_m 为熔点。加热 1100℃以上直至熔点，奥氏体晶粒剧烈长大，尤其在 1300℃以上，晶粒十分粗大，晶粒度均在 3 级以上。由于晶粒粗大出现粗大的针状铁素体（魏氏组织）＋索氏体。

　　熔合区：即熔合线附近焊缝金属到基体金属的过渡部分，温度处于固相线和液相线之间。这个地方的金属处于局部熔化状态，晶粒十分粗大，化学成分和组织都极不均匀，冷却后的组织为过热组织。这段区域很窄，金相观察实际上很难明显区分出来。但该区对于焊接接头的强度、塑性都有很大影响。在许多情况下，熔合线附近是产生裂缝、局部脆性破坏的发源地。

　　低碳合金钢的焊缝热影响区的组织类似于低碳钢的情况，20钢焊缝热影响区的组织见图20-16。

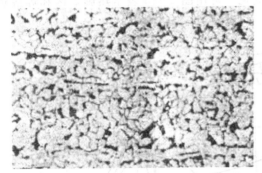

(a) 基本金属(热轧态)：带状分布的铁素体+珠光体

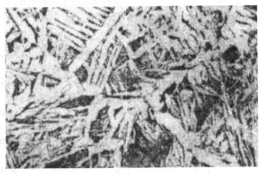

(b) 部分相变区：未发生转变后的细小珠光体和铁素体

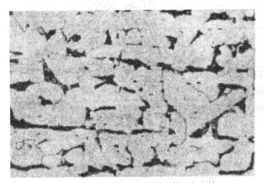

(c) 细晶区(正火区)：细铁素体+珠光体

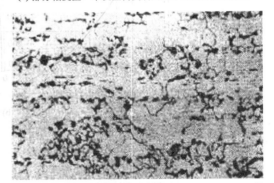

(d) 粗晶区(过热区)：粗大的针状铁素体(魏氏组织)+索氏体

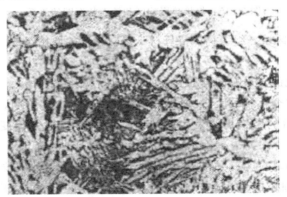

(e) 熔合线附近(左侧为过热区，右侧为焊缝区)

图20-16　20钢焊接热影响区组织（600×）

　　② 常用钢焊接接头组织形貌特征　焊接件常用低碳钢和低碳合金钢，它们的焊接接头中常见组织为铁素体、珠光体、贝氏体和马氏体。接头中的这些组织往往有其自己的形貌

特征。

a. 铁素体：在焊缝金属和热影响区中常见的是先共析铁素体，包括自由铁素体和魏氏组织铁素体两种。

自由铁素体：是奥氏体晶界上析出的铁素体，常见形貌有块状和网状两种；块状铁素体是在高温下而过冷度又较小的冷却中形成的；网状铁素体是在形成温度较低而过冷度较大的冷却中形成的。晶界自由铁素体的数量多少与奥氏体晶粒大小有关，奥氏体晶粒越粗大，自由铁素体越少。焊缝柱状晶越粗大，晶界铁素体越明显，但总量减少。

魏氏组织铁素体：低碳钢焊缝金属和热影响区的过热区极易形成魏氏组织铁素体。其形貌为除晶界铁素体外，还有较多从晶界伸向晶粒内部形似锯齿状或梳状的铁素体，或在晶内以针状独立分布的铁素体。这些铁素体往往针粗大且交叉分布。仅在焊缝金属内出现碳偏聚处才可能出现细针状魏氏组织铁素体。

b. 贝氏体：焊接条件下连续冷却有利于形成贝氏体组织，在低碳钢焊缝试样中会出现粒状贝氏体、无碳贝氏体、上贝氏体和下贝氏体等。

粒状贝氏体形貌特征是较粗大的铁素体块内分布许多孤立的"小岛"，外形不规则，形状多样，有块状、条状和粒状等。只有在光学显微镜的高倍下才能看清"小岛"的外形。

c. 马氏体：在低碳合金钢的焊缝金属和热影响区内极易生成马氏体。常见为板条状马氏体。在焊缝金属的碳偏聚区也会出现片状马氏体，在低碳钢和低碳合金钢焊接接头中不会出现隐晶马氏体。由于马氏体的存在会恶化力学性能，极易产生焊接裂纹，因此，在焊接组织中不允许马氏体存在。

3. 几种典型焊接组织识别

（1）低碳钢电焊后的显微组织

两块同牌号低碳钢对接焊后，焊缝组织为块状和网状的先共析铁素体和晶内多量的魏氏组织铁素体，及分布于铁素体之间的珠光体。铁素体主要呈梳状和锯齿状。热影响过热区常见为粗大的魏氏组织铁素体＋索氏体。重结晶和部分相变区的组织与常规的正火及不完全正火组织相似。母材组织仍保持热轧或正火态的铁素体＋珠光体带状组织。

（2）低碳合金钢焊接组织

以 16Mn 或 16MnR 钢为例，由于它含有少量合金元素提高了钢的淬透性，因此焊接过热区和焊缝金属区的组织与低碳钢不同。焊缝金属是混合组织，可能由粒状贝氏体＋魏氏组织铁素体＋无碳贝氏体等构成。热影响过热区组织为针状铁素体＋索氏体＋少量粒状贝氏体。其他部位的热影响区组织与低碳钢基本相同。母材也仍保持原有的热轧或正火组织，见图 20-17。

15MnTi 钢由于 Mn 和 Ti 的作用，使近缝过热区全部获得粒状贝氏体，离焊缝稍远处为先共析铁素体＋粒状贝氏体。熔合线处组织为沿晶分布的铁素体＋粒状贝氏体，见图 20-18。

（3）调质钢焊接组织

① 低碳调质高强度钢　0.16C-3Ni-Cr-Mo-V 船用钢的焊缝金属组织为针状铁素体＋粒状贝氏体。热影响过热区为粗大板条状马氏体，细晶区为细小马氏体。部分相变区为回火索氏体＋细马氏体。母材为调质态的回火索氏体组织。图 20-19 为过热区组织。

② 中碳合金调质钢　30CrMnSiA 钢的热影响过热区组织为粗大的板条状马氏体和少量粗大的片状马氏体。细晶区为马氏体，离焊缝稍远的细晶区中为未溶碳化物＋马氏体。部分

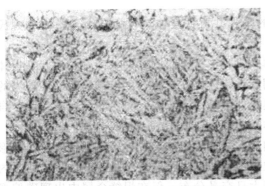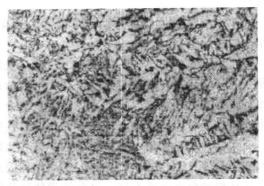

(a) 过热区：针状铁素体+索氏体+少量粒状贝氏体(400×)　　(b) 熔合线附近(左侧为过热区，右侧为焊缝区)(200×)

图 20-17　16Mn 钢板埋弧自动焊热影响区组织

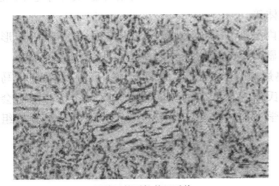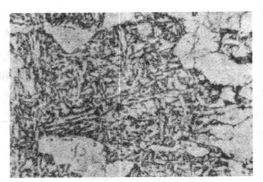

(a) 近缝过热区粒状贝氏体　　　　　　(b) 熔合线处：铁素体(沿奥氏体晶界)+粒状贝氏体

图 20-18　15MnTi 埋弧自动焊热影响区组织（板厚 13mm）（400×）

图 20-19　低碳调质高强度钢（0.16C-3Ni-Cr-Mo-V）热影响过热区组织（500×）

相变区为铁素体＋碳化物＋马氏体。母材为调质态索氏体＋碳化物。焊后经回火的组织，焊缝金属和热影响区均为回火索氏体。这类钢接头的焊后回火温度通常不超过焊前调质的回火温度。图 20-20 为过热区组织。

（4）1Cr18Ni9Ti 不锈钢的焊接组织

焊缝金属组织为树枝状奥氏体＋枝晶间少量铁素体。为了防止产生焊缝热裂缝和有利于

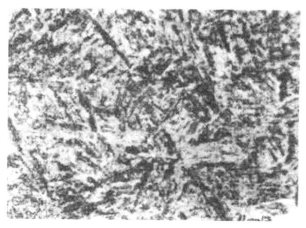

图 20-20　中碳合金 30CrMoV 焊接热影响过热区组织（500×）

提高抗晶间腐蚀能力，一般奥氏体钢的焊缝金属中希望有体积分数 3％～5％ 的铁素体熔合线和热影响区交界明显，且热影响区较窄，其组织为奥氏体＋带状 α 相。母材组织为奥氏体＋少量带状分布的铁素体＋颗粒状碳化物

（5）异种钢对接焊

16Mn 与 1Cr18Ni9Ti 的双面手工焊，由于是两种金属焊接，受侵蚀的程度不一样，为了显示组织需做两次侵蚀，从侵蚀出来的组织看，焊缝区有明显的交界，在 1Cr18Ni9Ti 钢板一侧为树枝状 α 相分布在基体奥氏体上。不锈钢一侧熔合区为热影响区的显微组织，热影响区组织仅比不锈钢母材组织略微粗大一些，α 相稍多于母材，如图 20-21 所示。

16Mn 钢焊缝组织为增碳区的细珠光体和上贝氏体。焊缝组织中的柱状晶很明显，热影响区中的上贝氏体也很典型。远离热影响区的母材组织为铁素体和珠光体。

4. 焊接组织侵蚀方法

（1）侵蚀剂

普通碳钢或低碳低合金钢的焊接接头，采用 w＝3％～4％ 硝酸酒精溶液 （3＋97）～（4＋96）侵蚀就能清晰地显示出其显微组织形貌，由于焊接材料和焊接件种类繁多，应视不同的钢种和焊接方法选择相应的侵蚀剂。

（2）不锈钢对接焊

焊板经固熔处理后，最好用电解侵蚀方法，用 10％ 草酸水溶液，电压取 6V 电解侵蚀时间为 20s，可获得清晰的奥氏体晶界，焊缝中树枝状结晶也较明显。

（3）异种钢焊接

对具有两种以上金属材料的焊接可以分段侵蚀，这种方法存在较多弊病，特别是在两种材料交界处，存在不侵蚀或过侵蚀的问题，经实践证明，可以配制一种复合试剂，这种试剂在配制时要格外小心，且不宜多配，最好用多少配制多少。但须依次加入不可随意配制。具体配制方法如下。

酒精 30mL　　盐酸　　　　15mL

硝酸 5mL　　重铬酸钾（研磨成细粉状）5g

苦味酸 1～3mL　　　FeCl$_3$　　5g

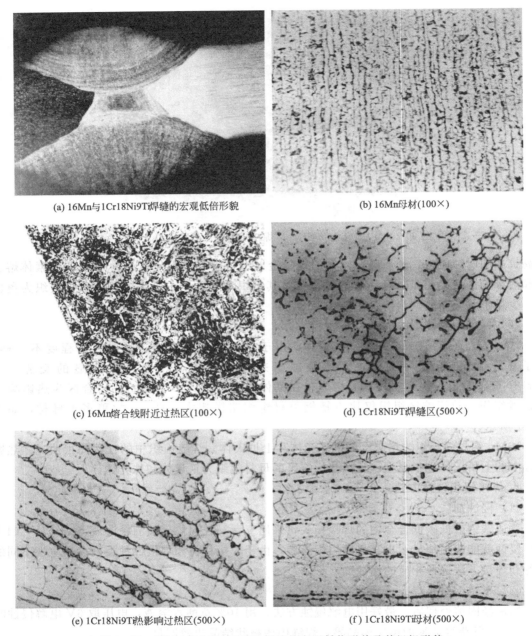

(a) 16Mn与1Cr18Ni9T焊缝的宏观低倍形貌　　　(b) 16Mn母材(100×)

(c) 16Mn熔合线附近过热区(100×)　　　(d) 1Cr18Ni9T焊缝区(500×)

(e) 1Cr18Ni9T热影响过热区(500×)　　　(f) 1Cr18Ni9T母材(500×)

图 20-21　16Mn 与 1Cr18Ni9Ti 焊缝的宏观低倍形貌及其组织形貌

　　配制好的溶液呈深绿色，如果有沉淀出来，说明浓度比例有了变化，可能会影响侵蚀效果。

　　（4）焊接试样宏观检验侵蚀剂

　　① 低碳及低合金钢宏观组织可采用 $w＝10\%$ 硝酸酒精溶液（1＋9）侵蚀；或用 $w＝10\%$ 过硫酸铵水溶液侵蚀，均在室温侵蚀。

　　② 奥氏体不锈钢宏观组织可采用 $4g\ CuSO_4＋20mL\ HCl＋20mL\ H_2O$ 溶液热蚀。或用 $w＝10\%$ 草酸，也可用 $w＝10\%$ 铬酸电解侵蚀。

三、实验仪器及材料

1. 实验仪器

数码金相显微镜，金相摄影软件。

2. 实验材料

20 钢焊接件、不锈钢焊接件、调质钢焊接件、16Mn 与 1Cr18Ni9Ti 对接焊件。

四、实验内容及步骤

1. 观察分析焊接件的常见缺陷。

2. 观察焊接件的各种状态的显微组织。

3. 根据每个试样的实验内容画出组织图，在图中注明各组织组成物。

五、实验报告及要求

1. 写出实验目的。

2. 画出 20 钢焊接件中母材、部分相变区、细晶区（正火区）、粗晶区（过热区）和熔合线附近组织，并标明各部分组织组成物。

3. 画出 16Mn＋1Cr18Ni9Ti 异种钢对接焊中：16Mn 母材和熔合线附近过热区组织，1Cr18Ni9Ti 钢中母材、焊缝区和过热区的组织组织，并标明各部分组织组成物。

六、思考题

1. 焊缝金属的组织有哪些？

2. 焊接接头金属的区域组成？

3. 焊缝热影响区可划分为哪几个区域？

4. 焊接接头中常见组织及分类？

实验二十一　有色金属的组织观察与检验

有色金属包括铝合金、铜合金、镁合金、钛合金、轴瓦合金等性质完全不同的材料。这些合金材料广泛应用于汽车、纺织、仪表电器，以及原子能、军事等工业领域。随着汽车工业的迅速发展，以铝合金为代表的轻金属在汽车工业中的应用也越来越广泛。

有色金属中的相与合金元素有很大的关系，如铝合金中会出现各种复杂的强化相（Al_2Cu，Al_2CuMg，Mg_2Si 等）和杂质相［$Al_6(FeMn)$，$AlFeMnSi$ 等］不同的合金元素组合所生成的强化相也各不相同。在铜合金中，锌、锡、铝、锰、硅等各种合金元素的加入也将生成不同的析出相。因此，在金相检验时必须根据合金元素的不同，并结合其热处理工艺，来推定合金中的各种相。有些铜合金及钛合金还会发生固态相变，其金相检验就更复杂一些。

一、实验目的

1. 观察铝合金、铜合金及轴承合金的显微组织。

2. 了解这些合金材料的成分、组织及性能的特点以及它们的应用。

二、实验原理

1. 铝合金

铝及铝合金具有优良的塑性、高的导电性、导热性、抗蚀性能，其铸造性、切削性、加工成型性能也十分优异，特别是通过合金化、热处理、加工硬化等手段可以显著提高铝合金的强韧性，并使它们的比强度和比刚度远远超过一般的合金结构钢，因而它们的应用极为广泛。在工业上常用的铝合金为 Al-Si 系、Al-Cu 系、Al-Mg 系和 Al-Zn 系四大类。

按生产方法可将铝合金分为铸造铝合金和形变铝合金。铸造铝合金根据主要合金元素分为铸造铝硅合金、铸造铝铜合金、铸造铝镁合金、铸造铝锌合金、压铸铝合金等。根据合金化及其热处理特性通常将形变铝合金分为热处理不可强化铝合金 [纯铝 L 系列、防锈铝 LF (Al-Mn，Al-Mg) 系列] 和热处理可强化铝合金 [硬铝 LY(Al-Cu-Mg-Mn) 系列、锻铝 LD (Al-Mg-Si-Cu) 系列、超硬铝 LC(Al-Zn-Mg-Cu) 系列及其他系列 (如 Al-Li)] 等。下面简单介绍常见的几种铝合金。

(1) ZL102

ZL102 属二元铝-硅合金，又名硅铝明，$w(Si) = 10\% \sim 13\%$。ZL102 的铸造组织为粗大针状硅晶体和固溶体组成的共晶体，以及少量呈多面体形的初生硅晶体。粗大的硅晶体极脆，严重降低铝合金的塑韧性。为了改善合金的性能，通常进行变质处理，即浇注之前在合金液体中加入占合金质量 $2\% \sim 3\%$ 的变质剂。由于这些变质剂能促进硅的生核，并能吸附在硅的表面阻碍硅的生长，而使合金组织大大细化，同时使合金共晶右移，使合金变为亚共晶成分。如图 21-1 所示。经变质处理后的组织由 α 固溶体和细密的共晶体 (α+Si) 组成。由于硅的细化，使合金的强度塑性明显改善。

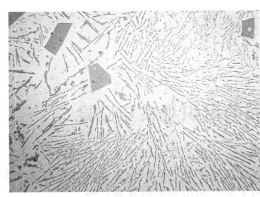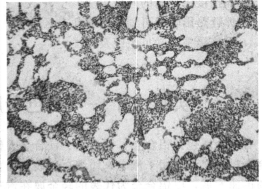

(a) 未变质处理　　　　　　　　　　　　(b) 变质处理

图 21-1　ZL102 合金的显微组织 (100×)

(2) ZL109

ZL109 属共晶型铝合金，成分为 $w_{Si} = 11\% \sim 13\%$，$w_{Cu} = 0.5\% \sim 1.5\%$，$w_{Mg} = 0.8\% \sim 1.3\%$，$w_{Ni} = 0.8\% \sim 1.5\%$，$w_{Fe} = 0.7\%$，余量为铝。其金相显微组织为 $\alpha(Al) + Si + Mg_2Si + Al_3Ni$ 相组成。其中 $\alpha(Al)$ 为白色基体，灰色板片为 Si，黑色板块状为 Al_3Ni，黑色骨骼状为 Mg_2Si。该合金加入 Ni 的目的主要是形成耐热相。ZL109 合金的显微组织如图 21-2 所示。

(3) ZL203

ZL203 属 Al-Cu 系合金，该合金的成分为 $w_{Cu} = 4.0\% \sim 5.0\%$，余量为铝。在铸态下它是由 $\alpha(Al)$ 和晶间分布的 $\alpha(Al) + Al_2Cu + N(Al_2Cu_2Fe)$ 相组成，经淬火处理后，Al_2Cu 全部溶入 $\alpha(Al)$，其强度和塑性都比铸态高。ZL203 铸态组织如图 21-3 所示。

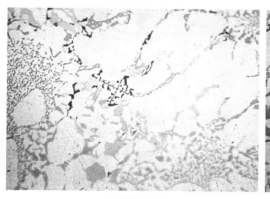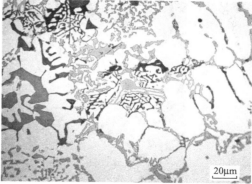

(a) 未变质处理　　　　　　　　　　　　　　(b) 变质处理

图 21-2　ZL109 合金的显微组织（100×）

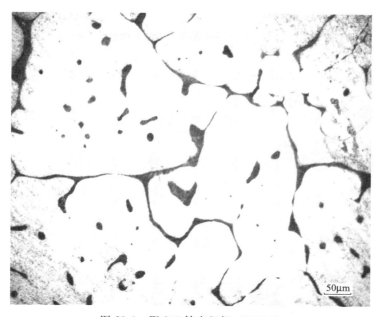

图 21-3　ZL203 铸态组织（500×）

（4）ZL106

成分为 Si：7.5%～8.5%；Cu：1.0%～2.0%；Mg：0.2%～0.6%；Mn：0.2%～0.6%；Al：余量。由铁相（多而呈针状）和 Mg_2Si 组成，如图 21-4 所示。

2. 铜合金

铜及铜合金具有优良的导电、导热性能，足够的强度、弹性和耐磨性，良好的耐腐蚀性能，在电气、石油化工、船舶、建筑、机械等行业中广泛应用。依传统的铜合金分类方法，可分为纯铜（紫铜）、黄铜、（铝锌合金）、白铜和青铜四大类；依照加工方法的不同，又可分为铸造铜合金和形变铜合金。

（1）纯铜

纯铜又称紫铜，具有良好的导电、导热性和耐蚀性。经退火后的组织为具有孪晶的等轴晶粒，如图 21-5 所示。

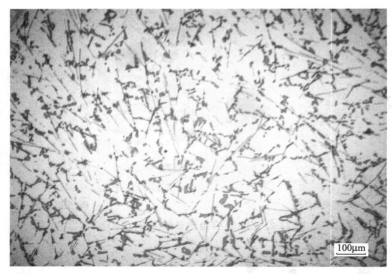

100μm

图 21-4　ZL106 合金的铸态变质后的显微组织（400×）

20μm

图 21-5　纯铜的显微组织（100×）

（2）黄铜

常用的黄铜中含锌量<45％，含锌量<39％的黄铜具有单相 α 晶粒，呈多边形，并有大量的孪晶产生。单相黄铜由于晶粒位相的差别，使其受侵蚀的程度不同，其晶粒颜色有明显差异，与纯铜相似，单相黄铜具有良好的塑性，可进行冷变形，见图 21-6 所示。单相黄铜常用代号有 H80、H70、H68，其中 H70、H68 强度较高，大量用作枪弹壳和炮弹筒，故有"弹壳黄铜"之称。

含锌为 39％～45％的黄铜，具有 α+β′ 两相组织，称为双相黄铜。H62 黄铜的显微组织中 α 相呈亮白色，β′ 相为黑色，如图 21-7 所示。β′ 是以 CuZn 电子化合物为基的有序固溶体，在室温下较硬而脆，但在高温下有较好的塑性，所以双相黄铜可以进行热压力加工。

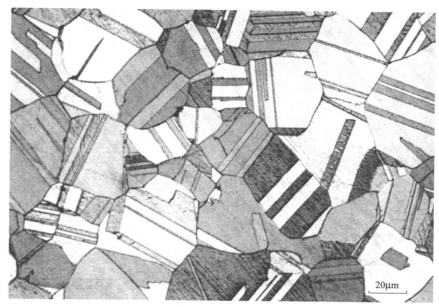

图 21-6　H70 单相黄铜组织（100×）

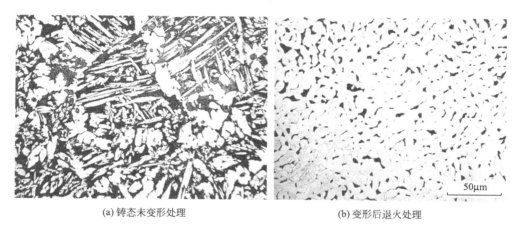

(a) 铸态未变形处理　　　　　　　　　　(b) 变形后退火处理

图 21-7　双相黄铜的显微组织（100×）

（3）锰黄铜

为了改善铜合金的性能，在黄铜中加入锰元素，其目的是提高合金强度和对海水的抗蚀性能，但使韧性有所下降，在其加入锰的同时再加入铁能明显提高黄铜的再结晶温度和细化晶粒，合金元素的加入只改变了组织中的 α 相和 β′ 相组成的比例。在显微镜下观察是其组织与铸态黄铜相似，不出现新相，如图 21-8 所示。

（4）铸造青铜

① 锡青铜　锡青铜是最常用的青铜材料。由于锡原子在铜中的扩散速度极慢，因此实际生产条件下的锡青铜按不平衡相图进行结晶。

含 Sn<6％的锡青铜，其铸态组织为树枝晶外形的单相固溶体，如图 21-9 所示。这种合金经变形及退火后的组织为具有孪晶的 α 等轴晶粒。含 Sn>6％时，其铸态组织为 α+(α+δ) 共析体。δ 相是以 $Cu_{31}Sn_8$ 为基体的固溶体，性硬而脆，不能进行变形加工。当 Sn>20％时，

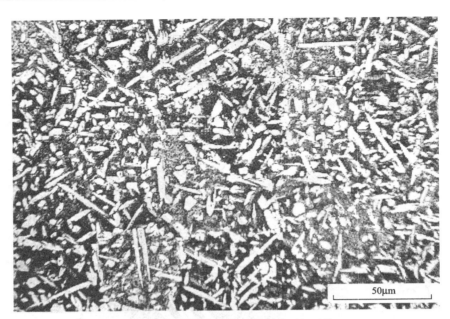

50μm

图 21-8 锰黄铜的铸态显微组织（100×）

由于出现过多的 δ 相，使合金变得很脆，强度也显著下降。因此，工业上用的锡青铜的含锡量一般为 3%～14% 之间。

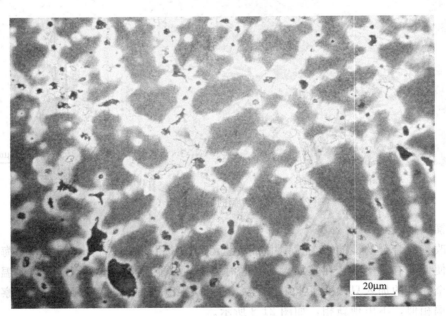

20μm

图 21-9 锡青铜的铸态显微组织（100×）

② 铝青铜 铝青铜是以 Cu-Al 为基体的合金，$w_{Al} \leqslant 11\%$，常用的铝青铜的平衡组织有两种：一种是含 $w_{Al} < 9.4\%$ 的，组织为单一的树枝状 α 相，用于压力加工；一种是 $w_{Al} = 9.4\% \sim 11.8\%$ 的，组织为树枝状的 α 固溶体与层片状的（α+γ₂）共析体。

铝青铜铸态组织与平衡组织区别比较大，如图 21-10 所示。只要 $w_{Al} > 7.5\%$ 就可能出现（α+γ₂）共析体。γ₂ 相质硬而脆，是一种不利于应用的化合物。为了得到 α+β 组织，可以采

取急冷的办法避免 β 相的分解，或在合金中加入 Ni-Mn 元素扩大 α 相区，减少 β 相区。

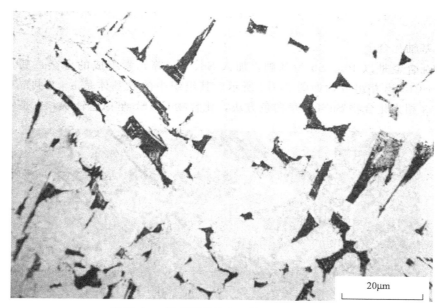

图 21-10　铝青铜的铸态显微组织（200×）

3. 轴瓦合金

轴瓦合金主要用于涡轮内燃机、汽车、拖拉机、空压机、柴油机等的轴瓦、轴套、衬套等。轴瓦合金的金相组织可以分为两大类：一类具有软基体硬质点的金相组织，如锡基和铅基巴氏合金；另一类具有硬基体、软质点的金相组织，如铜铅合金、铝锡合金等。

（1）锡基轴瓦合金

锡基轴瓦合金是以锡为基础，加入 Sb-Cu 等元素组成的合金，称为巴氏合金，其显微组织为 $\alpha+\beta'+Cu_6Sn_5$ 相组成，如图 21-11 所示。软基体 α 呈黑色，是 Sb 在 Sn 中的固溶

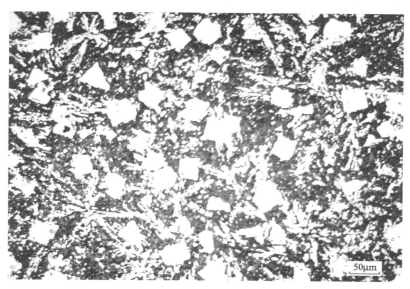

图 21-11　锡基轴瓦合金的显微组织（100×）

体，白色方块为硬质点 β' 相，是以 SnSb 为基的有序固溶体。白色星状或针状物 Cu_6Sn_5 为硬质点。加入铜的目的是为了防止 β' 相上浮减少合金的比重偏析，同时提高了合金的耐磨性。

（2）铅基轴瓦合金

铅基轴瓦合金是以 Pb、Sb 为基础，加入 Sn、Cu 等元素组成的合金，其显微组织为 $(\alpha+\beta)+\beta'+Cu_2Sb$ 相组成，如图 21-12 所示。其组织中的软基体是 $\alpha+\beta$ 共晶体，呈暗黑色，硬质点 β' 相为化合物 SnSb，呈白色方块，化合物 Cu_2Sb 呈白色针状，也是硬质点。

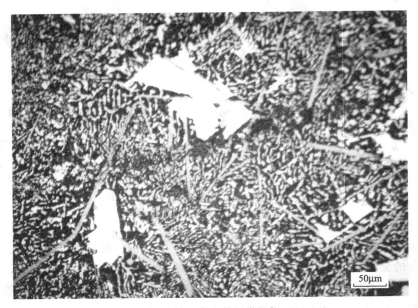

图 21-12　铅基轴瓦合金的显微组织（100×）

（3）铜基轴瓦合金

铜基轴瓦合金 Cu-Pb 二元系合金，其组织特点为硬基体，软质点，如图 21-13 所示。白

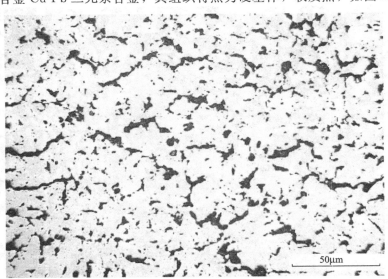

图 21-13　铜基轴瓦合金的显微组织（200×）

色树枝状为 α 固溶体，树枝间隙中的灰色相为 Pb 质点。一般认为铅点分布越均匀，性能越好。

4. 钛合金

钛是一种比较新的金属，在 20 世纪 50 年代才被用作工程结构材料。钛工业的发展最先受到航空工业和航天技术的促进。钛的突出优点是比强度高、耐热性好及优异的抗腐蚀性能。钛金属资源丰富，钛和钛合金已成为重要的航空、造船及化工用的结构材料。由于钛在高温时异常活泼，因此钛和钛合金的熔炼、浇铸、焊接和部分热处理都要在真空或惰性气体中进行。钛的导热性差，只有铁的 1/5，加上钛的摩擦系数大，造成切削、磨削加工的困难。钛的弹性模量较低，屈强比较高，使得钛合金冷变形时回弹性大，不易成形和校直。

钛与铁一样具有同素异构转变，其 α 相和 β 相同素异构转变点为 882℃。转变点温度以下为 α 相，以上为 β 相。纯钛在室温下得不到 β 相，但若添加适量的合金元素后，可在室温下得到 β 相。

根据其用途，工业用的钛合金分为结构钛合金、耐热钛合金和耐蚀钛合金。按其显微组织分为 α 型（TA 系）、β 型（TB 系）、α+β 型（TC 系）三类。

（1）α 型钛合金（TA 系）

六方结构的 α-Ti 是低温稳定相，所以在 α/β 转变温度以下，其组织是稳定的，不能通过热处理提高合金的强度。α 型钛合金具有很好的强度和韧性；α-Ti 是耐热钛合金的基础，具有良好的焊接性；α 相的弹性模量比 β 相大 10%，因而 α 型钛合金适用于制作抗高温蠕变的构件。α 相的稳定化元素为 O、N、C、Al 等元素。

（2）β 型钛合金（TB 系）

体心立方的 β 型合金具有良好的加工性。为了使高温的 β 相在室温附近稳定，必需添加较多量 Fe、Mn、Cr、Ni、Cu、Mo、V、W、Nb、Ta 等 β 相稳定化元素，因此其同溶强化程度大，还可通过热处理实现析出强化。因而 β 型钛合金是一类可以通过加工及热处理技术获得高强度的钛合金。

（3）α+β 型钛合金（TC 系）

TC 兼有 α 和 β 钛合金两者的优点，具有良好的加工性、热处理和焊接性。α+β 型钛合金与钢一样具有淬透性，其强度与化学成分、淬火冷速及工件尺寸密切相关。目前最为广泛使用的是 Ti6Al4V 合金，见图 21-14 所示的白色等轴的 α 相晶界处析出 β 相。合金的热处理通常在 α+β 两相区进行，两相的体积率和各相中的元素浓度可通过不同的热处理温度来加以调节。

（4）钛合金的金相组织

钛合金的组织中块状 α 相一般在用 HF 酸水溶液侵蚀后略呈暗色，变暗的程度取决于晶粒的位向，被保留的 β 相呈亮白色，转变的 β 相呈黑色。当有 O 和 N 元素存在于合金内，α 相和 β 相均为亮白色。如两相为等轴状时，α 相和 β 相难以区分，此时可利用 α、β 相各自的光学特性在偏光下加以区别：α 相为各向异性，而 β 相为各向同性。

当采用一份氢氟酸、一份硝酸和两份甘油组成的溶液时，侵蚀后 α 相常常显得较暗，如要求 β 相着色，可不用硝酸。

（5）钛合金金相检验标准

主要参考：GB/T 8755—1988《钛及钛合金术语金相图谱》和 GB/T 6611—1986《钛及钛合金术语》。

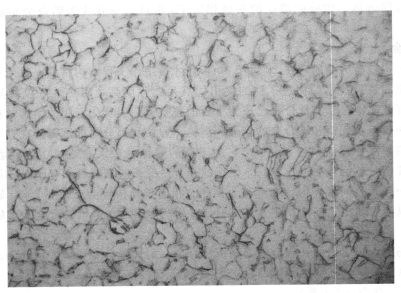

图 21-14　Ti6Al4V 合金中的 α+β 相（500×）

三、实验仪器及材料

1. 实验仪器

数码金相显微镜，金相摄影软件。

2. 实验材料

各种显微观察的金相试样，见表 21-1 所示。

表 21-1　实验所需金相试样

分类	材料	处理状态	侵蚀剂	显微组织
铝合金	ZL102	铸态(未变质)	0.5%氢氟酸水溶液	初晶 $Si+(α+Si)$
	ZL102	铸态(变质)	0.5%氢氟酸水溶液	初晶 $α+(α+Si)$
	ZL109	铸态(未变质)	0.5%氢氟酸水溶液	$α+Si+Mg_2Si+NiAl_3$
	ZL203	铸态	0.5%氢氟酸水溶液	$α+Al_2Cu$
铜合金	单相黄铜	退火	氯化铁盐酸水溶液	$α$
	二相黄铜	退火	氯化铁盐酸水溶液	$α+β'$
	锰黄铜	铸态	氯化铁盐酸水溶液	$α+β'$
	锡青铜	铸态	氯化铁盐酸水溶液	$α+(α+δ)$共析体
	铝青铜	铸态	氯化铁盐酸水溶液	$α+(α+γ_2)$共析体
轴瓦合金	锡基轴承合金	铸态	4%硝酸酒精	$α+β'+Cu_6Sn_5$
	铅基轴承合金	铸态	4%硝酸酒精	$(α+β)+β'+Cu_2Sb$
	铜基轴承合金	铸态	氯化铁盐酸水溶液	$α+Pb$
钛合金	TA 系	铸态	$HF+HNO_3+$甘油溶液	$α$
	TB 系	铸态	$HF+HNO_3+$甘油溶液	$β$
	TC 系	铸态	$HF+HNO_3+$甘油溶液	$α+β$

四、实验方法及步骤

1. 观察并分析有色合金试样的显微组织。
2. 了解有色合金试样的显微组织的形态特征。
3. 绘制出组织示意图，并注明材料、状态、放大倍数及组织。

五、实验报告及要求

1. 写出实验目的。
2. 画出 ZL102 变质前、变质后的组织，并标明各部分组织组成物。
3. 画出二相黄铜变形再结晶后的组织、锡青铜铸态组织，并标明各部分组织组成物。
4. 画出锡基轴瓦合金铸态组织、铅基轴瓦合金铸态组织，并标明各部分组织组成物。
5. 画出 TA 系、TB 系、TC 系钛合金组织，并标明各部分组织组成物。

六、思考题

1. 铸造铝合金共有哪几类？都有哪些相？
2. 铝合金中铁相有哪几种？它们各有何特征？
3. 铅青铜作为轴承材料时，希望铅的分布是什么形态？
4. 铜锌合金的成分、组织是怎样确定的？
5. 钛合金的组织有如何区分？

实验二十二　常见热加工缺陷组织观察与分析

金属材料在铸造、锻造、焊接、热处理等热加工工艺过程中会出现宏观与微观的各种组织缺陷，对其性能有着极其重要的影响，因此研究热加工常见缺陷的宏观组织与微观组织十分必要。

一、实验目的

1. 熟悉铸造、锻造、热处理等热加工工艺过程中常见缺陷。
2. 掌握常见缺陷的形成原因、影响因素及对性能的影响。

二、实验原理

1. 铸造缺陷

铸件在凝固过程中由于种种原因会产生许多不同的缺陷，如浇铸不足、缩孔、缩松、热裂、析出性气孔、偏析等，这种缺陷直接影响了铸件的质量。所以了解铸件凝固过程中缺陷形成的原因及认识其形貌特征，对于防止产生铸造缺陷、改善铸件组织、提高铸件性能，从而获得健全优质铸件有着十分重要的意义。

（1）缩松与缩孔

铸件凝固过程中，由于合金的液态收缩和凝固收缩，往往在铸件最后凝固的部位出现孔洞，称为缩孔。容积大而集中的孔洞称为集中缩孔，简称缩孔。缩孔的形状不规则，表面不光滑。细小而分散的孔洞称为分散性缩孔，简称为缩松。按其形态分为宏观缩松［可以看到发达的树枝晶，如图 22-1（a）所示］和微观缩松［如图 22-1（b）所示］，微观缩松产生在枝晶和分枝之间，与微观气孔很难分辨，且经常同时发生，只有在显微镜下才能观察到。在铸件中存在任何形态的缩孔和缩松都会减少工件受力的有效面积,并且在缩孔和缩松处产生应力集中现象,而使铸件的力学性能显著降低。同时还降低铸件的气密性等物理化学性能。缩孔和缩松是铸件的重要缺陷之一。

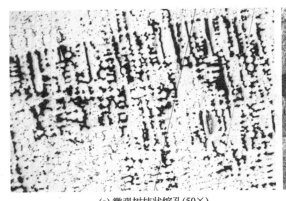

(a) 微观树枝状缩孔(50×)　　　　　　(b) 宏观缩孔(20×)

图 22-1　铸铁中的缩孔

（2）气孔

金属液态中往往有各种气体以不同的形式存在着。当金属中的气体含量超过其溶解度或侵入的气体不被溶解,则以分子态(即气泡形式)存在于金属液中,若凝固前来不及排出,铸件将产生气孔。气孔主要有析出性气孔和反应性气孔两类。

① 析出性气孔　金属液在冷却和凝固过程中,因气体溶解度下降,析出的气体来不及排出,铸件由此而产生的气孔,叫析出性气孔。这类气孔的特征是铸件断面上呈大面积分布,且靠近冒口(图 22-2)、热节等温度较高区域,分布较密集,形状呈团球形或裂纹状多角形或断裂裂纹状等。通常金属含气体量较少时,呈裂纹状,含气较多,则气孔较大,且呈团球形。析出性气孔主要来自氢气,其次是氮气。

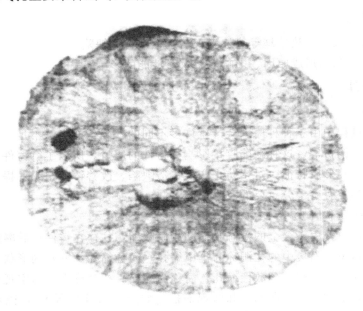

图 22-2　铸铁件中的析出性气孔

② 反应性气孔　金属液与铸型之间或在金属液内部发生化学反应所产生的气孔，称为反应性气孔，图 22-3 是铸钢中的反应性气孔。

图 22-3　铸钢中的反应性气孔

金属-铸型间的反应性气孔，通常分布在铸件表面皮下 1~3mm（有时只在一层氧化皮下面），表面经过加工或清理后，就暴露出许多小气孔，所以通常称皮下气孔。形状有球形或梨状（通常发生在球墨铸铁件中）。皮下气孔多呈细长状，垂直于铸件表面，深度可达 10mm 左右。

（3）石墨漂浮

石墨漂浮是组织不均匀性，在球墨铸铁件纵断面的上部，一层密集的石墨黑斑，和正常的银白色断面组织相比，有清晰可见的分界线。图 22-4(a) 所示为球墨铸铁连铸坯的石墨漂浮宏观形貌。其显微金相组织特征为石墨球破裂呈梅花状和星状分布，见图 22-4(b) 所示。

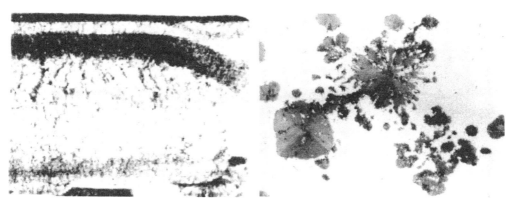

(a) 微观树枝状缩孔(10×)　　　　　　　　　　(b) 宏观缩孔(500×)

图 22-4　球墨铸铁的石墨飘浮

2. 锻造缺陷

（1）流线分布不良

流线是枝晶偏析和非金属夹杂物在热加工过程中沿加工方向延伸的结果，如图 22-5 所示。由于流线的存在，使钢的性能出现方向性，垂直于流线的横向塑性、韧性远比平行于流线的纵向低。因此零件在热加工时力求流线沿零件轮廓分布，使其与零件工作时要求的最大拉应力的方向平行，而与外加切应力或冲击力的方向垂直。

（2）带状组织

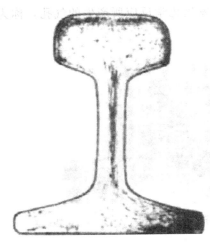

图 22-5　锻造流线分布不良

亚共析钢终锻温度过低，处于 A_3 或 A_1 之间的温度时，正处于（$\gamma+\alpha$）相区范围，在锻造过程使析出的铁素体按金属加工流动方向呈带状分布，而奥氏体也被带状分布的铁素体分割呈带状，当继续冷却到 A_1 以下时，奥氏体分解转变的珠光体则保持原奥氏体的带状分布。此外，钢中非金属夹杂物的存在可促使带状组织的形成，因此夹杂物被热加工时按金属变形流动方向延伸排列，当温度降低至 A_3 以下时，它们可以成为铁素体的结晶核心，所以铁素体围绕夹杂物呈带状分布，然后奥氏体分解的珠光体也必然存在于带状铁素体之间。

具有带状组织缺陷的钢材，其性能有显著的方向性。热加工引起的带状组织，可通过完全退火消除。带状组织见实验 7 中图 7-1 所示。

（3）锻造裂纹

钢在较低温度下进行锻打时，钢的热塑性显著下降，当锻打变形时产生的拉应力超过当时材料的局部强度时即发生开裂。由于锻造温度较高特别是经重复锻造加热时，裂纹周围常伴有氧化或脱碳现象，图 22-6 是 45 钢的锻造裂纹。

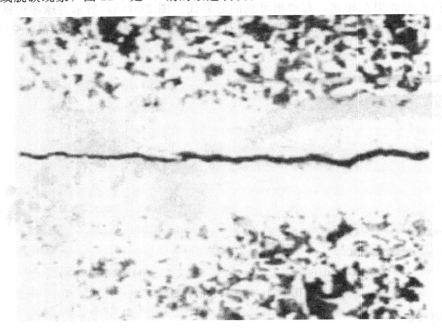

图 22-6　45 钢的锻造裂纹（500×）

3. 常见的热处理缺陷

钢在退火、正火、淬火、回火热处理过程中，因工艺不当或操作不当，常产生一些缺陷，如脱碳、晶粒长大、软点和变形等，还有产生过烧、过热、裂纹等均可造成零件报废。此外，零件的几何形状，如截面厚薄悬殊、冷加工表面粗糙度大以及原材料组织中存在疵病等，也会在热处理过程中产生缺陷。

（1）加热不当造成的缺陷

① 过热　金属材料在热处理加热过程中，由于加热温度过高或保温时间过长，往往会引起晶粒长大，从而使淬火后组织粗大，见图 3-24 所示。加热温度越高或在高温下停留时间愈长，则晶粒将会越粗大，使金属的力学性能恶化。这种现象称为热处理过热。过热缺陷的特征主要表现为组织粗化。

② 过烧　金属在接近熔化温度加热时，由于温度过高，其表层沿晶界处被氧气侵入而生成氧化物，或者在晶界处和在枝晶轴间的一些低熔点相发生熔化，并因此而产生裂纹（龟裂），有时还会在金属表面生成较厚的氧化皮，这些现象称为热处理过烧缺陷，见图 22-7 所示。从图中可以看到 T10 钢晶界已经开裂氧化。

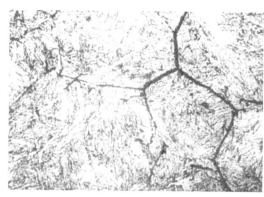

(a) T10钢950℃淬火　　　　　　　　　(b) 高速钢1350℃淬火

图 22-7　淬火严重过烧组织（500×）

产生过烧的因素很多，大多是由于加热炉仪表控制失灵，温度急剧上升，或装炉不当使零件靠近电热丝或电极，而造成加热件局部或全部过烧。在金相显微镜下观察组织时，除晶粒粗大外，部分晶粒或大部分晶粒趋于熔化状态。

③ 氧化与脱碳　金属材料在空气或其他氧化性气氛中加热时，其表面即发生氧化作用，并生成氧化层。钢铁材料在形成氧化层的同时，表面还会减少或完全失去碳分。这些现象称为氧化与脱碳。

在热处理时使用合理脱氧的盐浴炉或可控气氛炉加热处理，并确保短时间保温可以有效防止或减少金属材料及其制品发生氧化脱碳现象。另外还应留有适当的加工余量，以便将其表面脱碳层进行加工去除。

④ 球化不良　球化良好，具有均匀的中等颗粒大小的球粒状珠光体的工、模具钢，其淬火加热温度范围较宽，零件淬火后尺寸变化小，这种组织的材料具有较好的切削加工性能。因此，对于工、模具钢或高碳高合金钢来说，球化处理是淬火前的预备热处理工艺。

球化处理时，如果控制温度偏低，或保温时间不足，则原有的片状珠光体未能全部变化，钢中出现点状、球状和原片状珠光体，属于球化欠热组织；若球化处理温度偏高，则会形成新的粗片状珠光体，属于球化过热组织。由于片状珠光体、点状珠光体和球状珠光体的淬火加热温度不同，因此，在淬火时容易引起局部组织过热，使零件严重变形或开裂。

因球化处理温度偏低所留存的片状珠光体可以重新球化处理予以消除；而粗大片状珠光

体则难以矫正，一般需经正火后再球化加以矫正。

⑤ 石墨碳的析出　高碳及高碳合金工具钢在高温退火或球化退火中，由于经多次高温或长时间保温处理，使金属材料中的碳化物分解而形成石墨，这种现象称为石墨碳析出，见图 22-8 所示。此时，材料中出现很多游离状石墨碳，分割基体金属的连续性，使材料的性能大大降低。由于石墨产生后无法逆转，有此类缺陷的零件不能使用，只能报废。在制样时由于石墨碳强度较低，容易在磨抛时剥落，成为凹坑，注意与多次抛光腐蚀留下的腐蚀坑的区别。在石墨碳周围一般会存在贫碳区，多铁素体组织。

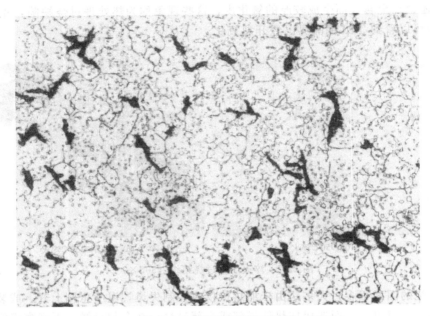

图 22-8　碳素工具钢球化后析出石墨碳（500×）

（2）热处理裂纹

金属材料在热处理时所形成的裂纹，称为热处理裂纹，它是由于内应力大于材料的破断强度所致。热处理应力由热应力或组织应力所造成，是导致金属制品变形和形成裂纹的主要原因。金属制品的内部缺陷，如夹渣、缩孔残余、白点等，容易在热处理时造成应力集中，而产生热处理裂纹。若金属制品的外形有尖锐棱角、截面突变，以及前道工序中所遗留的疵病，如折叠、深的刀痕和尖角、圆角处粗糙等，也会使应力集中而形成裂纹。过热的金属制品，其晶粒粗大，淬火后应力较大，容易形成裂纹。工具钢的严重碳化物偏析或表面脱碳，也容易形成热处理裂纹。因此正确掌握热处理改善制品材料的预备组织和形状，尽可能地采用冷却能力较缓和而又能达到淬火目的的冷却介质，特别是在相变温度范围内要避免不必要的急剧冷却，采用等温淬火或分级淬火，可以减少变形和防止裂纹。

淬火裂纹的特征：裂纹一般由表面向心部扩展，宏观形态较平直，微观特征是曲折、沿原奥氏体晶界扩展（如图 22-9 所示）；由于淬火裂纹形成温度较低，裂纹两侧均无脱碳现象，但如在氧化气氛中进行过高温回火，则淬火裂纹两侧出现氧化脱碳层。

（3）整体或局部硬度不足

① 淬火硬度不足　零件淬火整体硬度不足，主要有以下几种原因。

a. 加热不足（温度较低，保温时间不够）。热处理时工件的加热温度较低，以及保温时

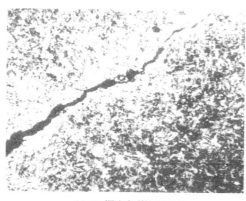 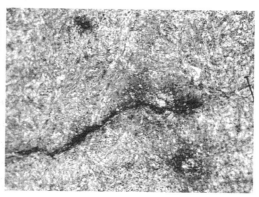

(a) T10钢淬火裂纹(100×)　　　　　　　　　(b) GCr15钢淬火过热裂纹(500×)

图 22-9　碳钢中的淬火裂纹

间不足，在淬火后的马氏体很细小，存在大量细小碳化物或分布着一定数量的未溶铁素体，将导致工件的淬火硬度不够。见图 3-23 中 45 钢 750℃淬火组织，白色块状为未溶铁素体，暗色部分为马氏体，没有得到全马氏体组织。

　　b. 加热温度过高。加热温度过高容易使组织中出现的马氏体较粗大，而马氏体间的残留奥氏体的量也会增加，使硬度降低。淬火过热也容易导致淬火硬度不够。

　　c. 淬火冷速不足。工件淬火时若冷却速度不够，组织中将出现托氏体、贝氏体和马氏体混合组织。托氏体是铁素体与片状渗碳体的机械混合物，属于在光学金相显微镜下已无法分辨片层的极细珠光体，硬度较低。托氏体在 550～600℃时形成，片层极薄，只有在电子显微镜下才可以分辨出其铁素体和渗碳体的片层结构。托氏体一般在淬火冷速不足的情况下出现。如图 22-10 中 45 钢在 850℃淬火油冷时得到沿奥氏体晶界分布的黑色组织为托氏体，基体为马氏体。

图 22-10　45 钢 850℃油冷后网状析出的先共析铁素体＋托氏体＋马氏体组织（400×）

d. 钢件表层脱碳。表层存在脱碳区域时淬火后难以形成全马氏体组织（因脱碳层的淬透性较差），往往形成非马氏体组织或者形成低碳马氏体，硬度值均降低。

② 淬火软点 在经淬火后的零件表面有时会发现斑点（有时经浸蚀后显示出此种斑点），由于斑点处的硬度较低，此种现象称为淬火软点。软点处的显微组织为屈氏体，或是在马氏体及奥氏体晶界分布的屈氏体。产生软点的主要原因有：工件原来的显微组织不均匀，存在碳化物偏析、碳化物聚集成碳化物颗粒大小不均匀现象；选材不当，钢材的淬透性不足，或工件的形状较复杂，此时零件可以改用淬透性较高的钢材来制造；工件表面局部脱碳，脱碳部位形成托氏体或贝氏体，硬度降低；淬火介质的冷却速度较低。淬火介质过于陈旧或含有较多的杂质，零件淬入冷却介质中被介质中的氧化皮等污物覆盖，导致覆盖处冷速缓慢而产生软点；加热温度偏低或保温时间不足。

此外，当有软点产生时，零件在淬火时容易发生裂纹。因为在淬火过程中，软点部分的膨胀情况同其他部分不完全一样，软点部分金属会受到周围金属的拉伸导致开裂。因此，在生产过程中应极力避免软点的产生。

三、实验仪器及材料

1. 实验仪器

数码金相显微镜，金相摄影软件。

2. 实验材料

铸造、锻造及热处理各类宏观与微观缺陷试样若干。

四、实验方法及步骤

1. 观察所给的宏观缺陷及显微缺陷并分析其形成原因。

2. 分析这些缺陷对材料质量的影响和消除及预防措施。

五、实验报告及要求

1. 写出实验目的及内容。

2. 画出实验内容中的缺陷组织，指出主要特征、形成原因以及防止方法。

3. 分析各类缺陷对材料性能的影响。

4. 讨论如何识别锻造裂纹与淬火裂纹。

六、思考题

1. 金属热加工（铸造、锻造、焊接、热处理）工艺及其组织缺陷对其性能有什么样的影响？

2. 热加工下常见缺陷的宏观组织与微观组织有哪些类型？

实验二十三 扫描电镜对材料组织的分析

一、试验目的

1. 了解扫描电子显微镜结构原理，以及在金相分析中的应用。

2. 掌握马氏体、贝氏体、回火马氏体、回火托氏体、回火索氏体在扫描电子显微镜中的形貌。

二、实验原理

1. 扫描电子显微镜的结构

扫描电子显微镜可粗略分为镜体和电源电路系统及冷却系统。如图 23-1 所示，镜体是由电子光学系统、样品室、检测器以及真空抽气系统组成。电子光学系统包括电子枪、电磁透镜、扫描线圈等。电源电路系统由控制镜体部分的各种电源、信号处理、图像显示和记录系统以及用于全部电气部分的操作面板构成。真空系统由用于低真空抽气的旋转机械泵（RP）和高真空抽气的油扩散泵（DP）或离子泵构成。

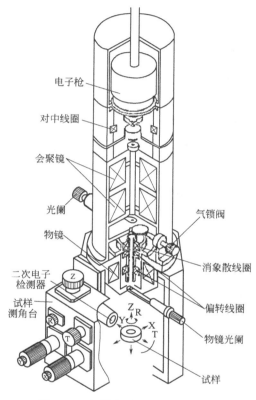

图 23-1　扫描电子显微镜的结构图

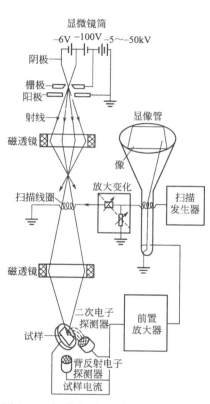

图 23-2　扫描电子显微镜的工作原理图

2. 扫描电子显微镜的工作原理

图 23-2 是扫描电镜的原理示意图。由最上边电子枪发射出来的电子束，经栅格聚焦后，在加速电压作用下，经过二至三个电磁透镜所组成的电子光学系统，电子束会聚成一个细的电子数聚焦在样品表面。在末级透镜上边装有扫描线圈，在它的作用下使电子束在样品表面扫描。由于高能电子束与样品物质的交互作用，结果产生了各种信息：二次电子、背散射电子、吸收电子、X 射线、俄歇电子、阴极荧光和透射电子等。这些信号被相应的接收器接收，经放大后送到显像管的栅极上，调制显像管的亮度。由于经过扫描线圈上的电流是与显像管相应的亮度一一对应，也就是说，电子束打到样品上一点时，在显像管荧光屏上就出现了一个亮点。扫描电镜就是这样采用逐点成像的方法，把样品表面不同的特征，按顺序，成比例地转换为视频信号，完成一帧图像，从而使我们在荧光屏上观察到样品表面的各种特征图像。

3. 二次电子形貌衬度原理

① 倾斜效应 电子束入射方向与试样表面成不同角度时。图像亮度，即二次电子发射量不同，垂直入射时亮度最小，与表面法线成一定角度时亮度增大。二次电子发射量与电子束对试样表面法线夹角 θ 的余弦倒数（$1/\cos\theta$）成正比。图 23-3 为二次电子形貌衬度原理图。

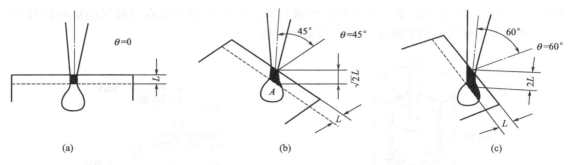

图 23-3 二次电子形貌衬度原理图

② 原子序数效应 二次电子的产率随原子序数的增大而增大，在扫描图像中，试样表面原子序数小的部分的亮度比原子序数大的部分暗。

③ 边缘效应 入射电子束照射到试样边角、尖端或边缘时，二次电子可从试样侧面发出，与一般起伏部分相比二次电子产率明显增加，图像相应部分显得特别亮，如图 23-4 所示。

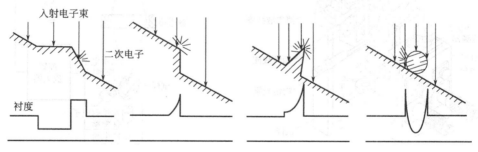

图 23-4 二次电子形貌衬度边缘效应示意图

④ 荷电效应 当样品不导电时，在电子束照射下由于负电荷积累而带电，在检测器正电场作用下将有更多的二次电子被检测，在显像管上该处图像显得异常明亮。

⑤ 检测器与试样的相对位置 检测器与试样的相对位置直接关系到二次电子检测率。

⑥ 加速电压效应 提高入射电子束加速电压将增大电子束侵入试样的深度，扩大电子在试样中的反射范围。

4. 二次电子形貌衬度的应用

断口分析；表面形貌观察；材料变形与断裂动态过程的原位观察；微观尺寸测量。

5. 扫描电子显微镜与光学金相显微镜成像的不同

① 扫描电镜与金相显微镜成像原理不同 光学金相显微镜成像靠光在玻璃中的反射与折射原理来成像，而扫描电子显微镜成像靠汇聚的电子束激发的信号成像。

② 扫描电镜与金相显微镜的图像衬度不同 光学金相显微镜下观察到较亮的区域是平

整的区域，在扫描电子显微镜下由于边缘效应的存在，平整区域的衬度较低，图像较暗，见图 23-5 中片状珠光体中渗碳体的衬度的不同。

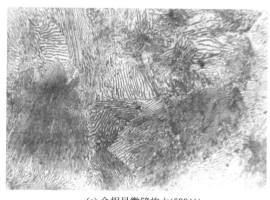 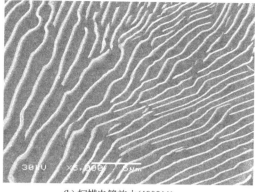

(a) 金相显微镜放大(500×)　　　　　　(b) 扫描电镜放大(4000×)

图 23-5　片状珠光体形貌

③ 扫描电镜与金相显微镜的分辨率和放大倍数不同　光学金相显微镜最高放大倍数约 2000 倍，分辨率为 $0.1\mu m$，扫描电镜可以放大几百万倍，分辨率达 0.5nm。在图 23-6 中，通过扫描电镜可以清晰的观察到随着回火索氏体中中碳化物的形貌；普通光学金相显微镜不能对更细微的组织进行很好的鉴别。在图 23-7 是高速钢淬火后的金相组织中，光学显微镜无法分辨其中的隐针马氏体的相貌，扫描电镜可以观察到清晰地马氏体浮凸。

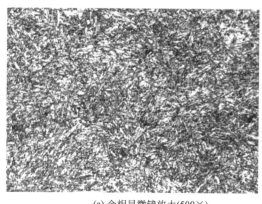 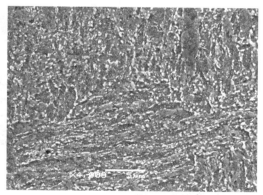

(a) 金相显微镜放大(500×)　　　　　　(b) 扫描电镜放大(4000×)

图 23-6　45 钢回火索氏体组织

④ 扫描电镜与金相显微镜的景深不同　光学金相显微镜只能观察平面或近似平面的形貌，扫描电镜可用于断口的观察。图 23-8 是拉伸端口的韧窝形貌，光学显微镜无法进行观察。

6. 试样制备

扫描电镜观察的试样必须是固体（块体或粉末），对含有水分的样品要事先干燥。对固体样品的尺寸要求：直径<32mm，高度<15mm。对粉末样品要涂到双面导电胶带上，并将多余粉末吹净以防止污染镜筒。样品表面清洁，无油污、灰尘及汗渍污染，样品需导电。对不导电的样品需要喷镀 Pt 或 C 膜导电层。

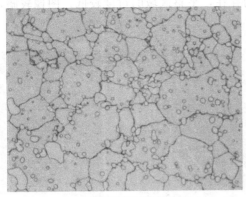
(a) 金相显微镜放大(500×)

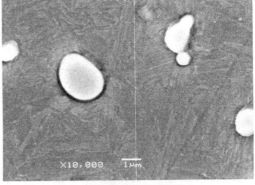
(b) 扫描电镜放大(10000×)

图 23-7 高速钢基体组织中的隐针马氏体

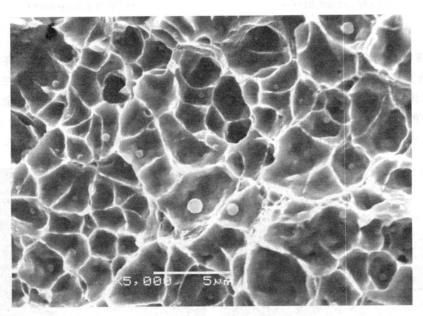

图 23-8 拉伸断口形貌

三、实验仪器及材料

1. 实验仪器

JSM-6380LA 型扫描电子显微镜，4XC 型金相显微镜。

2. 实验材料

马氏体、贝氏体、回火马氏体、回火托氏体、回火索氏体试样若干，典型脆性、韧性、疲劳断口试样若干。

四、实验步骤

1. 制备马氏体、贝氏体、回火马氏体、回火托氏体、回火索氏体组织金相试样，注意侵蚀试样时较金相显微镜观察时深一些。

2. 制备典型脆性、韧性、疲劳断口试样，注意保护好试样断口。

3. 分别在金相显微镜下和扫描电子显微镜下观察马氏体、贝氏体、回火马氏体、回火托氏体、回火索氏体金相试样的组织形貌，并获取扫描电子显微镜数字照片。

4. 对获得的扫描电镜组织照片进行分析：高速钢淬火后的组织；GCr15 钢等温后的组织；45 钢淬火＋低温回火后的组织；45 钢淬火＋中温回火后的组织；45 钢调质后的组织。

五、思考题

1. 扫描电子显微镜与光学金相显微镜成像的不同？

2. 扫描电镜对试样的制备要求？

附　录

附录1　常用化学侵蚀剂

铸铁常用的侵蚀剂组成、用途和使用说明

序号	组成	用途及使用说明
1	硝酸 0.5～6.0mL 乙醇 96～99.5mL	显示铸铁基体组织。侵蚀时间为数秒至 1min。对于高弥散度组织,可用低浓度溶液侵蚀,减慢腐蚀速度,从而提高组织清晰度
2	苦味酸 3～5g 乙醇 100mL	显示铸铁基体组织。腐蚀速度较缓慢,侵蚀时间为数秒至数分钟
3	苦味酸 2～5g 苛性钠 20～25g 蒸馏水 100mL	将试样在溶液煮沸,灰铸铁腐蚀 2～5min,球墨铸铁可适当延长。磷化铁由浅蓝色变为蓝绿色,渗碳体呈棕黄或棕色,碳化物呈黑色(含铬高的碳化物除外)
4	高锰酸钾 0.1～1.0g 蒸馏水 100mL	显示可锻铸铁的原枝晶组织。磷化铁煮沸 20～25min 后呈黑色
5	高锰酸钾 1～4g 苛性钠 1～4g 蒸馏水 100mL	侵蚀 3～5min 后,磷化铁呈棕色,碳化物的颜色随侵蚀时间的增加,可呈黄色、棕黄、蓝绿和棕色
6	赤血盐 10g 苛性钠 10g 蒸馏水 100mL	需用新配制的溶液,冷蚀法作用缓慢,热蚀法煮沸 15min,碳化物呈棕色,磷化铁呈黄绿色
7	加热染色(热氧腐蚀)	与钢比较,此法对铸铁特别有效,染色时,珠光体先变色,铁素体次之,渗碳体不易变色,磷化铁更不易变色
8	氯化亚铁 200mL 硝酸 300mL 蒸馏水 100mL	用于各种耐蚀、不锈的高合金铸铁试样的侵蚀,组织清晰度较好
9	氯化铜 1g 氯化镁 4g 盐酸 2mL 无水乙醇 100mL	显示铸铁共晶团界面,用脱脂棉蘸溶液均匀涂抹在试样的抛光表面,侵蚀速度较缓,效果好
10	氯化铜 1g 氯化亚铁 1.5g 硝酸 2mL 无水乙醇 100mL	显示铸铁共晶团界面,侵蚀速度较快
11	硫酸铜 4g 盐酸 20mL 蒸馏水 20mL	显示铸铁共晶团界面,侵蚀速度较快

结构钢常用的侵蚀剂名称、组成和用途

序号	名称	组成	用途
1	4%硝酸酒精溶液	硝酸 4mL 酒精 96mL	显示优质碳素结构钢组织
2	饱和苦味酸水溶液		显示优质碳素结构钢组织
3	3%硝酸酒精溶液	硝酸 3mL 酒精 97mL	显示低碳钢锅炉钢板组织和优质碳素结构钢组织
4	苦味酸＋4%硝酸酒精溶液	在体积分数为 4%的硝酸酒精溶液中加入 1g 苦味酸	显示优质低碳钢组织
5	1＋1盐酸水溶液	盐酸 1 份 水 1 份	显示优质碳素结构钢组织
6	碱性苦味酸钠溶液		显示 25MnCr5 钢组织
7	5%硝酸酒精溶液	硝酸 5mL 酒精 95mL	显示 15MnCrNiMo 钢组织
8	2%硝酸酒精溶液	硝酸 2mL 酒精 98mL	显示 40Cr 钢组织
9	苦味酸饱和水溶液中加少许洗涤剂饱和水溶液	10mL 苦味酸饱和水溶液中加入 5mL 洗涤剂饱和水溶液	显示 40Cr 钢奥氏体晶粒度
10	氯化高铁盐酸水溶液	氯化高铁 5g 盐酸 20mL 水 80mL	显示 ZG1Cr13 钢组织
11	王水	浓硝酸 1 份 浓盐酸 3 份	显示 GH2132 镍基高温合金组织

工模具钢常用的侵蚀剂名称、组成和用途

序号	名称	组成	用途
1	2%～5%硝酸酒精溶液	硝酸 2～5mL 酒精 95～98mL	显示工模具钢显微组织
2	10%硝酸酒精溶液	硝酸 10mL 酒精 90mL	高速钢淬火组织及晶间显示
3	饱和苦味酸水(酒精溶液)	饱和苦味酸水溶液(或酒精溶液)	显示钢显示组织,特别显示碳化物组织
4	碱性高锰酸钾溶液	高锰酸钾 1～4g 苛性钠 1～4g 蒸馏水 100mL	碳化物染成棕黑色,基体组织不显示
5	饱和苦味酸-海鸥洗涤剂溶液	饱和苦味酸溶液＋少量海鸥洗涤剂	新配制适用于显示淬火组织的晶界
6	三酸乙醇溶液	饱和苦味酸 20mL 硝酸 10mL 盐酸 20mL 酒精 50mL	显示合金模具钢及刀具材料的淬火与回火组织
7	1＋1盐酸水溶液	盐酸 50% 水 50%	显示 GCr15 钢组织
8	苦味酸盐酸水溶液	苦味酸 1g 盐酸 5mL 水 100mL	显示 Cr12MoV 钢组织
9	苦味酸盐酸酒精溶液	苦味酸 1g 盐酸 5mL 酒精 100mL	显示 6Cr4Mo3Ni2WV 钢组织

特殊性能钢常用的侵蚀试剂名称、组成和用途

序号	名称	组成	用法	用途
1	王水甘油溶液	硝酸 10mL 盐酸 20mL 甘油 30mL 硝酸 10mL 盐酸 30mL 甘油 20mL 硝酸 10mL 盐酸 30mL 甘油 10mL	先将酸和甘油倒入杯内搅匀，然后加入硝酸。侵蚀前，在热水中适当加热，采用反复抛光，反复侵蚀，一般擦拭数秒至十几秒，溶液配制24h后才能使用	奥氏体型不锈钢及含 Cr、Ni 高的奥氏体型耐热钢
2	氯化高铁盐酸水溶液	氯化高铁 5g 盐酸 50mL 水 100mL	侵蚀或擦拭，室温侵蚀 15～60s	奥氏体-铁素体型不锈钢、18-8型不锈钢
3	王水酒精溶液	盐酸 10mL 硝酸 3mL 酒精 100mL	侵蚀（室温）	不锈钢中的 δ 相呈白色，有明显的晶界
4	苛性赤血盐水溶液	赤血盐 10g 氢氧化钾 10g 水 100mL	在通风橱中煮沸 2～4min，不可混入酸类，以免 HCN（剧毒物）逸出	铬不锈钢、铬镍不锈钢的铁素体呈玫瑰色，浅褐色，奥氏体呈光亮色，σ 相呈褐色，碳化物被溶解
5	苦味酸盐酸酒精（水）溶液	苦味酸 4g 盐酸 5mL 酒精（水）100mL	侵蚀 30～90s	不锈钢
6	硫酸铜盐酸水溶液	硫酸铜 4g 盐酸 20mL 水 20mL	侵蚀 15～45s	奥氏体型不锈钢
7	高锰酸钾水溶液	高锰酸钾 4g 苛性钠 4g 水 100mL	煮沸侵蚀 1～3min	奥氏体型不锈钢 σ 相呈彩虹色，铁素体呈褐色
8	10％草酸水溶液	草酸 10g 水 90mL	电压：4V 时间：10～20s	显示不锈钢中铁素体、碳化物、奥氏体。α 相呈白色，碳化物为黑色，在奥氏体晶界析出
9	盐酸硝酸氯化高铁水溶液	盐酸 20mL 硝酸 5mL 氯化高铁 5g 水 100mL	侵入法	显示铬锰氮耐热钢的显微组织

表面渗镀涂层侵蚀剂的名称、组成和用途

序号	名称	组成	用法	用途
1	2％硝酸酒精溶液	硝酸 2mL 酒精 98mL	侵蚀法	渗碳层、碳氮共渗层、氮碳共渗层组织的显示
2	3％硝酸酒精溶液	硝酸 3mL 酒精 97mL	侵蚀法	渗碳层、碳氮共渗层、氮碳共渗层组织的显示
3	4％硝酸酒精溶液	硝酸 4mL 酒精 96mL	侵蚀法	渗碳层、碳氮共渗层、氮碳共渗层组织的显示

序号	名称	组成	用法	用途
4	氯化高铁＋盐酸水溶液	氯化高铁 5g 盐酸 10mL 水 100mL	侵蚀法	渗氮扩散层组织的显示
5	硒酸盐酸酒精溶液	硒酸 3mL 盐酸 20mL 酒精 100mL	侵蚀法	渗氮、软氮化层组织的显示
6	盐酸硫酸铜水溶液	盐酸 20mL 硫酸铜 4g 水 20mL	侵蚀法	渗氮层、扩散层组织的显示
7	三钾试剂	黄血盐 1g 赤血盐 10g 氢氧化钾 10g 水 100mL	侵蚀法	渗硼层组织显示，FeB 呈黑色，Fe_2B 呈浅灰色
8	10%草酸溶液	草酸 10mL 水 90mL	电侵蚀	镀铁层组织的显示
9	氟化氢铵水溶液	氟化氢铵 5g 蒸馏水 100mL	侵蚀法	渗氮工件测 TiN 化合物层、含氮钛晶粒(黑色、白色)
10	硫代硫酸钠氯化镉柠檬酸水溶液	硫代硫酸钠 240g 氯化镉 24g 柠檬酸 30g 蒸馏水 100mL	先经 4% 硝酸酒精预侵蚀，然后化染，目测至蓝紫色	渗硼层、碳氮共渗层、氮碳共渗层、渗硫层、硫氮共渗层中的显微组织染色，渗硼，渗铝中的显微组织染色，渗铌，渗氮化钛
11	三钾试剂	铁氰化钾 10g 亚铁氰化钾 1g 氢氧化钾 30g 蒸馏水 100mL	侵蚀	简称三钾试剂 显示渗硼层组织，FeB 呈黑色，Fe_2B 呈浅灰色
12	硫代硫酸钠氯化镉柠檬酸水溶液	硫代硫酸钠 240g 氯化镉 24g 柠檬酸 30g 蒸馏水 1000mL	先经硝酸酒精预侵蚀，然后化染，目测至蓝紫色	渗硼组织化染、硼-钒共渗

钢中夹杂物侵蚀剂的名称、组成和用途

序号	名称	组成	用法	用途
1	2%硝酸酒精溶液	硝酸 2mL　酒精 98mL	浸入法	低碳钢、结构钢
2	3%硝酸酒精溶液	硝酸 3mL　酒精 97mL	浸入法	低碳钢、结构钢
3	4%硝酸酒精溶液	硝酸 4mL　酒精 96mL	浸入法	低碳钢、结构钢
4	1＋1盐酸水溶液	盐酸 1份　水 1份	65～75℃热酸浸入法	显示碳素钢及结构钢的低倍组织
5	5%硫酸水溶液	硫酸 5mL　水 95mL	浸入法	稀土氧化物受腐蚀
6	10%铬酸水溶液	铬酸 10mL　水 90mL	浸入法	MnS 及稀土硫化物受腐蚀
7	碱性苦味酸钠水溶液	氢氧化钠 10g　苦味酸 2g　水 100mL	浸入法	MnS 及稀土硫化物受腐蚀

附录 2　压痕直径与布氏硬度对照表

压痕直径 $d10$, $2d$ 或 $4d2.5$	在负荷 p(kgf)下布氏硬度数			压痕直径 $d10$, $2d$ 或 $4d2.5$	在负荷 p(kgf)下布氏硬度数		
	$30D^2$	$10D^2$	$2.5D^2$		$30D^2$	$10D^2$	$2.5D^2$
2.89	448	—	—	3.24	354	118	29.5
2.9	444	—	—	3.25	352	117	29.3
2.91	441	—	—	3.26	350	117	29.2
2.92	438	—	—	3.27	347	116	29
2.93	435	—	—	3.28	345	115	28.8
2.94	432	—	—	3.29	343	114	28.6
2.95	429	—	—	3.3	341	114	28.4
2.96	426	—	—	3.31	339	113	28.2
2.97	423	—	—	3.32	337	112	28.1
2.98	420	—	35	3.33	335	112	27.9
2.99	417	—	34.8	3.34	333	111	27.7
3	415	—	34.6	3.35	331	110	27.6
3.01	412	—	34.3	3.36	329	110	27.4
3.02	409	—	34.1	3.37	326	109	27.2
3.03	406	—	33.9	3.38	325	108	27.1
3.04	404	—	33.7	3.39	323	108	26.9
3.05	401	—	33.4	3.4	321	107	26.7
3.06	398	—	33.2	3.41	319	106	26.6
3.07	395	—	33	3.42	317	106	26.4
3.08	393	—	32.7	3.43	315	105	26.2
3.09	390	130	32.5	3.44	313	104	26.1
3.1	388	129	32.3	3.45	311	104	25.9
3.11	385	128	32.1	3.46	309	103	25.8
3.12	383	128	31.9	3.47	307	102	25.6
3.13	380	127	31.7	3.48	306	102	25.5
3.14	378	126	31.5	3.49	304	101	25.3
3.15	375	125	31.3	3.5	302	101	25.2
3.16	373	124	31.1	3.51	300	100	25
3.17	370	123	30.9	3.52	298	99.5	24.9
3.18	368	123	30.7	3.53	297	98.9	24.7
3.19	366	122	30.5	3.54	295	98.3	24.6
3.2	363	121	30.3	3.55	293	97.7	24.5
3.21	361	120	30.1	3.56	292	97.2	24.3
3.22	359	120	29.9	3.57	290	96.6	24.2

压痕直径 d10, 2d 或 4d2.5	在负荷 p(kgf)下布氏硬度数			压痕直径 d10, 2d 或 4d2.5	在负荷 p(kgf)下布氏硬度数		
	30D²	10D²	2.5D²		30D²	10D²	2.5D²
3.23	356	119	29.7	3.58	288	96.1	24
3.59	286	95.5	23.9	4.01	228	75.9	19
3.6	285	95	23.7	4.02	226	75.5	18.9
3.61	283	94.4	23.6	4.03	225	75.1	18.8
3.62	282	93.9	23.5	4.04	224	74.7	18.7
3.63	280	93.3	23.3	4.05	223	74.3	18.6
3.64	278	92.8	23.2	4.06	222	73.9	18.5
3.65	277	92.3	23.1	4.07	221	73.5	18.4
3.66	275	91.8	22.9	4.08	219	73.2	18.3
3.67	274	91.2	22.8	4.09	218	72.8	18.2
3.68	272	90.7	22.7	4.1	217	72.4	18.1
3.69	271	90.2	22.6	4.11	216	72	18
3.7	269	89.7	22.4	4.12	215	71.7	17.9
3.71	268	89.2	22.3	4.13	214	71.3	17.8
3.72	266	88.7	22.2	4.14	213	71	17.7
3.73	265	88.2	22.1	4.15	212	70.6	17.6
3.74	263	87.7	21.9	4.16	211	70.2	17.6
3.75	262	87.2	21.8	4.17	210	69.9	17.5
3.76	260	86.8	21.7	4.18	209	69.5	17.4
3.77	259	86.3	21.6	4.19	208	69.2	17.3
3.78	257	85.8	21.5	4.2	207	68.8	17.2
3.79	256	85.3	21.3	4.21	205	68.5	17.1
3.8	255	84.9	21.2	4.22	204	68.25	17
3.81	253	84.4	21.1	4.23	203	67.8	17
3.82	252	84	21	4.24	202	67.5	16.9
3.83	250	83.5	20.9	4.25	201	67.1	16.8
3.84	249	83	20.8	4.26	200	66.8	16.7
3.85	248	82.6	20.7	4.27	199	66.5	16.6
3.86	246	82.1	20.5	4.28	198	66.2	16.5
3.87	245	81.7	20.4	4.29	198	65.8	16.5
3.88	244	81.3	2.03	4.3	197	65.5	16.4
3.89	242	80.8	20.2	4.31	196	65.2	16.3
3.9	241	80.4	20.1	4.32	195	64.9	16.2
3.91	240	80	20	4.33	194	64.6	16.1
3.92	239	79.6	19.9	4.34	193	64.2	16.1
3.93	237	79.1	19.8	4.35	192	63.9	16
3.94	236	78.7	19.7	4.36	191	63.6	15.9
3.95	235	78.3	19.6	4.37	190	63.3	15.8

续表

压痕直径 $d10$, $2d$ 或 $4d2.5$	在负荷 p(kgf)下布氏硬度数			压痕直径 $d10$, $2d$ 或 $4d2.5$	在负荷 p(kgf)下布氏硬度数		
	$30D^2$	$10D^2$	$2.5D^2$		$30D^2$	$10D^2$	$2.5D^2$
3.96	234	77.9	19.5	4.38	189	63	15.8
3.97	232	77.5	19.4	4.39	188	62.7	15.7
3.98	231	77.1	19.3	4.4	187	62.4	15.6
3.99	230	76.7	19.2	4.41	186	62.1	15.5
4	229	76.3	19.1	4.42	185	61.8	15.5
4.43	185	61.5	15.4	4.85	152	50.7	12.7
4.44	184	61.2	15.3	4.86	152	50.5	12.6
4.45	183	60.9	15.2	4.87	151	50.3	12.6
4.46	182	60.6	15.2	4.88	150	50	12.5
4.47	181	60.4	15.1	4.89	150	49.8	12.5
4.4/8	180	60.1	15	4.9	149	49.6	12.4
4.49	179	59.8	15	4.91	148	49.4	12.4
4.5	179	59.5	14.9	4.92	148	49.2	12.3
4.51	178	59.2	14.8	4.93	147	49	12.3
4.52	177	59	14.7	4.94	146	48.8	12.2
4.53	176	58.7	14.7	4.95	146	48.6	12.2
4.54	175	58.4	14.6	4.96	145	48.4	12.1
4.55	174	58.1	14.5	4.97	144	48.1	12
4.56	174	57.9	14.5	4.98	144	47.9	12
4.57	173	57.6	14.4	4.99	143	47.9	11.9
4.58	172	57.3	14.3	5	143	47.5	11.9
4.59	171	57.1	14.3	5.01	142	47.3	11.8
4.6	170	56.8	14.2	5.02	141	47.1	11.8
4.61	170	56.5	14.1	5.03	141	46.9	11.7
4.62	169	56.3	14.1	5.04	140	46.7	11.7
4.63	168	56	14	5.05	140	46.5	11.6
4.64	167	55.8	13.9	5.06	139	46.3	11.6
4.65	167	55.5	13.9	5.07	138	46.1	11.5
4.66	166	55.3	13.8	5.08	138	45.9	11.5
4.67	165	55	13.8	5.09	137	45.7	11.4
4.68	164	54.8	13.7	5.1	137	45.5	11.4
4.69	164	54.5	13.6	5.11	136	45.3	11.3
4.7	163	54.3	13.6	5.12	135	45.1	11.3
4.71	162	54	13.5	5.13	135	45	11.3
4.72	161	53.8	13.4	5.14	134	44.8	11.2
4.73	161	53.5	13.4	5.15	134	44.6	11.2
4.74	160	53.3	13.3	5.16	133	44.4	11.1
4.75	159	53	13.3	5.17	133	44.2	11.1

压痕直径 $d10$, $2d$ 或 $4d2.5$	在负荷 p(kgf)下布氏硬度数			压痕直径 $d10$, $2d$ 或 $4d2.5$	在负荷 p(kgf)下布氏硬度数		
	$30D^2$	$10D^2$	$2.5D^2$		$30D^2$	$10D^2$	$2.5D^2$
4.76	158	52.8	13.2	5.18	132	44	11
4.77	158	52.6	13.1	5.19	132	43.8	11
4.78	157	52.3	13.1	5.2	131	43.7	10.9
4.79	156	52.1	13	5.21	130	43.5	10.9
4.8	156	51.9	13	5.22	130	43.3	10.8
4.81	155	51.7	12.9	5.23	129	43.1	10.8
4.82	154	51.4	12.9	5.24	129	42.9	10.7
4.83	154	51.2	12.8	5.25	128	42.8	10.7
4.84	153	51	12.8	5.26	128	42.6	10.6
5.27	127	42.4	10.6	5.64	110	36.5	9.14
5.28	127	42.2	10.6	5.65	109	36.4	9.1
5.29	126	42.1	10.5	5.66	109	36.3	9.07
5.3	126	41.9	10.5	5.67	108	36.1	9.03
5.31	125	41.7	10.4	5.68	108	36	9
5.32	125	41.5	10.4	5.69	107	35.8	8.97
5.33	124	41.4	10.3	5.7	107	35.7	8.93
5.34	124	41.2	10.3	5.71	107	35.6	8.9
5.35	123	41	10.3	5.72	106	35.4	8.86
5.36	123	40.9	10.2	5.73	106	35.3	8.83
5.37	122	40.7	10.2	5.74	105	35.1	8.79
5.38	122	40.5	10.1	5.75	105	35	8.76
5.39	121	40.4	10.1	5.76	105	34.9	8.73
5.4	121	40.2	10.1	5.77	104	34.7	8.69
5.41	120	40	10	5.78	104	34.6	8.66
5.42	120	39.9	9.97	5.79	103	34.5	8.63
5.43	119	39.7	9.94	5.8	103	34.3	8.59
5.44	119	39.6	9.9	5.81	103	34.2	8.56
5.45	118	39.4	9.86	5.82	102	34.1	8.53
5.46	118	39.2	9.82	5.83	102	33.9	8.49
5.47	117	39.1	9.78	5.84	101	33.8	8.46
5.48	117	38.9	9.73	5.85	101	33.7	8.43
5.49	116	38.8	9.7	5.86	101	33.6	8.4
5.5	116	38.6	9.66	5.87	100	33.4	8.36
5.51	115	38.5	9.62	5.88	99.9	33.3	8.33
5.52	115	38.3	9.58	5.89	99.5	33.2	8.29
5.53	114	38.2	9.54	5.9	99.2	33.1	8.26
5.54	114	38	9.5	5.91	98.8	32.9	8.23
5.55	114	37.9	9.46	5.92	98.4	32.8	8.2

续表

压痕直径 d10, 2d 或 4d2.5	在负荷 p(kgf)下布氏硬度数			压痕直径 d10, 2d 或 4d2.5	在负荷 p(kgf)下布氏硬度数		
	30D²	10D²	2.5D²		30D²	10D²	2.5D²
5.56	113	37.7	9.43	5.93	98	32.7	8.17
5.57	113	37.6	9.38	5.94	97.7	32.6	8.14
5.58	112	37.4	9.35	5.95	97.3	32.4	8.11
5.59	112	37.3	9.31	5.96	96.9	32.3	8.08
5.6	111	37.1	9.27	5.97	96.6	32.2	8.05
5.61	111	37	9.24	5.98	96.2	32.1	8.02
5.62	110	36.8	9.2	5.99	95.9	32	7.99
5.63	110	36.7	9.17	6	95.5	31.8	7.96

注：表中压痕直径为 φ10mm 钢球试验数据，如用 φ5mm 钢球试验时，所得压痕直径应增加 2 倍，而用 φ2.5mm 钢球直径时则应增加 4 倍。例如用 φ5mm 钢球在 750kgf 负荷作用下所得压痕直径 1.65mm，则在查表时应用 3.30mm（2×1.65＝3.30），而其相当硬度值为 341。

附录 3　洛氏硬度、布氏硬度、维氏硬度与抗拉强度对照表

洛氏硬度(HRC)	洛氏硬度(HRA)	布氏硬度(HB)30D²	维氏硬度(HV)	近似强度 σ/MPa
70.0	86.6	—	1037.0	—
69.5	86.3	—	1017.0	—
69.0	86.1	—	997.0	—
68.5	85.8	—	978.0	—
68.0	85.5	—	959.0	—
67.5	85.2	—	941.0	—
67.0	85	—	923.0	—
66.5	84.7	—	906.0	—
66.0	84.4	—	889.0	—
65.5	84.1	—	872.0	—
65.0	83.9	—	856.0	—
64.5	83.6	—	840.0	—
64.0	83.3	—	825.0	—
63.5	83.1	—	810.0	—
63.0	82.8	—	795.0	—
62.5	82.5	—	780.0	—
62.0	82.2	—	766.0	—
61.5	82.0	—	752.0	—
61.0	81.7	—	739.0	—
60.5	81.4	—	726.0	—
60.0	81.2	—	713.0	2607

洛氏硬度（HRC）	洛氏硬度（HRA）	布氏硬度（HB）30D²	维氏硬度（HV）	近似强度 σ/MPa
59.5	80.9	—	700.0	2551
59.0	80.6	—	688.0	2496
58.5	80.3	—	676.0	2443
58.0	80.1	—	664.0	2391
57.5	79.8	—	653.0	2341
57.0	79.5	—	642.0	2293
56.5	79.3	—	631.0	2247
56.0	79.0	—	620.0	2201
55.5	78.7	—	609.0	2157
55.0	78.5	—	599.0	2115
54.5	78.2	—	589.0	2074
54.0	77.9	—	579.0	2034
53.5	77.7	—	570.0	1995
53.0	77.4	—	561.0	1957
52.5	77.1	—	551.0	1921
52.0	76.9	—	543.0	1885
51.5	76.6	—	534.0	1851
51.0	76.3	—	525.0	1817
50.5	76.1	—	517.0	1785
50.0	75.8	—	509.0	1753
49.5	75.5	—	501.0	1722
49.0	75.3	—	493.0	1692
48.5	75.0	—	485.0	1662
48.0	74.7	—	478.0	1635
47.5	74.5	—	470.0	1608
47.0	74.2	449	463.0	1581
46.5	73.9	442	456.0	1555
46.0	73.7	436	449.0	1529
45.5	73.4	430	443.0	1504
45.0	73.2	424	436.0	1480
44.5	72.9	413	429.0	1457
44.0	72.6	407	423.0	1434
43.5	72.4	401	417.0	1411
43.0	72.1	396	411.0	1389
42.5	71.8	391	405.0	1368
42.0	71.6	385	399.0	1347
41.5	71.3	380	393.0	1327
41.0	71.1	375	388.0	1307

洛氏硬度（HRC）	洛氏硬度（HRA）	布氏硬度（HB）30D²	维氏硬度（HV）	近似强度 σ/MPa
40.5	70.8	370	382.0	1287
40.0	70.5	365	377.0	1268
39.5	70.3	360	372.0	1250
39.0	70.0	355	367.0	1232
38.5	69.7	350	362.0	1214
38.0	69.5	345	357.0	1197
37.5	69.2	341	352.0	1180
37.0	69.0	336	347.0	1163
36.5	68.7	332	342.0	1147
36.0	68.4	327	338.0	1131
35.5	68.2	323	333.0	1115
35.0	67.9	318	329.0	1100
34.5	67.7	314	324.0	1080
34.0	67.4	310	320.0	1070
33.5	67.1	306	316.0	1056
33.0	66.9	302	312.0	1042
32.5	66.6	298	308.0	1028
32.0	66.4	294	304.0	1015
31.5	66.1	291	300.0	1001
31.0	65.8	287	296.0	989
30.5	65.6	283	292.0	976
30.0	65.3	280	289.0	964
29.5	65.1	276	285.0	951
29.0	64.8	273	281.0	940
28.5	64.6	269	278.0	928
28.0	64.3	266	274.0	917
27.5	64.0	263	271.0	906
27.0	63.8	260	268.0	895
26.5	63.5	257	264.0	884
26.0	63.3	254	261.0	874
25.5	63.0	251	258.0	864
25.0	62.8	248	255.0	854
24.5	62.5	245	252.0	844
24.0	62.2	242	249.0	835
23.5	62.0	240	246.0	825
23.0	61.7	237	243.0	816
22.5	61.5	234	240.0	808
22.0	61.2	232	237.0	799

参 考 文 献

[1] 王健安 . 金属学与热处理 . 北京：机械工业出版社，1980.

[2] 樊东黎，徐跃明，佟晓辉 . 热处理技术数据手册 . 北京：机械工业出版社，2006.

[3] 机械工业理化检验人员技术培训和资格鉴定委员会 . 金相检验 . 上海：上海科学普及出版社，2003.

[4] 韩德伟，张建新 . 金相实验制备与显示技术 . 湖南：中南大学工业出版社，2005

[5] 韧颂赞，张静江，陈质如等 . 钢铁材料金相图谱 . 上海：上海科学技术文献工业出版社，2003.

[6] 国家机械工业委员会 . 金相检验技术 . 北京：机械工业出版社，1988.

[7] 崔忠圻 . 金属学与热处理 . 北京：机械工业大学出版社，2000.

[8] 陶达天 . 金相检验实例 . 北京：机械工业出版社，1975.

[9] 扬学桐，高继轩，阎育镇 . 金相检验 . 北京：机械工业出版社，2001.

[10] 南京汽车制造厂，南京航空学院，江苏省机械研究所等 . 金属材料金相图谱 . 江苏：江苏科学技术出版社，1977.

[11] 第一机械工业部上海材料研究所，上海工具厂 . 工具钢金相图谱 . 北京：机械工业出版社，1979.

[12] 姜锡山 . 特殊钢金相图谱 . 北京：机械工业出版社，2002.

[13] 大型铸锻件行业协会，大型铸锻件缺陷分析图谱编委会 . 大型铸锻件缺陷分析图谱 . 北京：机械工业出版社，1990.

[14] 钱士强 . 材料检验 . 上海：上海交通大学出版社，2007.

[15] 汪守朴 . 金相分析基础 . 北京：机械工业出版社，1990.

[16] 崔崑 . 钢铁材料及有色金属材料 . 北京：机械工业出版社，1981.

[17] 姚鸿年 . 金相研究方法 . 北京：中国工业出版社，1963.

[18] 孙盛玉，戴雅康 . 热处理裂纹分析图谱 . 大连：大连出版社，2002.

[19] 宋扶轮，粟祜 . 热处理炉温度测量与控制 . 北京：国防工业出版社，1984.

[20] 中国标准出版社第二编辑室编 . 金相检验方法和无损检验方法 . 北京：中国标准出版社，2001.

[21] 李长龙，赵忠魁，王吉岱 . 铸铁 . 北京：化学工业出版社，2007.

[22] 徐进等编著 . 模具钢 . 北京：冶金工业出版社，2002.

[23] 李炯辉，林德成 . 金属材料金相图谱 . 北京：机械工业出版社，2006.

参 考 文 献